塔里木盆地高压气井
复杂工况下修井工艺技术

何银达　王洪峰　胡　超　吴云才　等 ◎ 著

西南交通大学出版社

·成　都·

图书在版编目（CIP）数据

塔里木盆地高压气井复杂工况下修井工艺技术 / 何
银达等著. 一成都：西南交通大学出版社，2022.10
ISBN 978-7-5643-8990-1

Ⅰ. ①塔… Ⅱ. ①何… Ⅲ. ①塔里木盆地 – 油气井 –
修井作业 Ⅳ. ①TE25

中国版本图书馆 CIP 数据核字（2022）第 204247 号

Talimu Pendi Gaoya Qijing Fuza Gongkuang xia Xiujing Gongyi Jishu

塔里木盆地高压气井复杂工况下修井工艺技术

何银达　王洪峰　胡　超　吴云才　等　**著**

责任编辑 / 李华宇
封面设计 / 何东琳设计工作室

西南交通大学出版社出版发行

（四川省成都市金牛区二环路北一段 111 号西南交通大学创新大厦 21 楼　610031）
发行部电话：028-87600564　028-87600533
网址：http://www.xnjdcbs.com
印刷：四川玖艺呈现印刷有限公司

成品尺寸　185 mm × 240 mm
印张　12.5　　字数　221 千
版次　2022 年 10 月第 1 版　　印次　2022 年 10 月第 1 次

书号　ISBN 978-7-5643-8990-1
定价　88.00 元

本书编写组

组　　长　　何银达

副 组 长　　王洪峰　　胡　超　　吴云才

编写人员　　杨　珂　　秦德友　　易　飞　　赵　鹏　　朱良根

　　　　　　王春雷　　向文刚　　何川江　　周忠明　　任音南

　　　　　　修云明　　吴镇江　　王　磊　　邹　凯　　刘瑞平

　　　　　　李　翔　　张英林　　陈　平　　吕　戈

序

随着我国能源结构调整步伐加快和节能减排任务加重，天然气作为一种较为清洁的石化能源受到了越来越多的重视。我国剩余油气资源的 63% 为天然气资源，而剩余天然气资源的 57% 分布在深层，深层天然气约 16.52×10^{12} m^3。我国深层气藏通常具有高温、高压、高产等特点，同时具有地层复杂（砾石层、膏盐层和盐间高压水层）、天然裂缝发育（以高角度缝为主）、低孔隙度、低渗透率等特点。恶劣的井况条件给井完整性带来了巨大挑战，也造成了钻井阶段井身质量、固井质量等难以保证，井斜、套管磨损、固井质量差等问题难以避免，进一步增大了修井作业过程中的安全风险。

塔里木油田库车山前高压气井在生产过程中面临的问题复杂多样，主要包括因油管穿孔或断裂引起 A、B、C 环空带压的井完整性问题，井下或管柱内有落鱼影响井内生产通道的井内复杂问题，甚至存在井完整性问题、井筒堵塞问题和井内复杂问题等多种情况并存的综合问题。后期修井作业又受到高压气井复杂的工况条件和作业空间等方面的限制，导致修井复产工作面临巨大的挑战。

本书从塔里木库车山前高压气井复杂工况下修井案例入手，综合介绍了高压气井压井技术、高压气井井筒疏通解堵技术、高压气井大修复杂处理技术、高压气井井口及附件带压更换技术等。在此基础上，总结了塔里木盆地高压气井生产修复的现场工程技术经验，可为未来高压气井修井作业提供参考。总体来说，本书将工艺技术、工具材料等与现场应用案例相结合，从问题中寻找答案，服务于现场需求。期望各位读者多提宝贵意见，以利于本书不断完善。

李汝勇

2022 年 7 月

前言

　　塔里木库车山前"三超"气井属于典型的超深超高压高温气井，具有地区地质情况复杂、储层埋藏深、盖储层物性复杂等特点，给钻完井和后期修井等环节带来了巨大挑战。

　　近年来，随着天然气需求的日益加大，塔里木地区地质情况复杂，储层埋藏深，但为了开采油气资源，勘探开发新储层，深井和超深井的数量逐渐增多，井眼尺寸越来越小。伴随着小井眼井数的增多，后期修井处理因受作业管柱水眼尺寸、钻杆、工具强度和作业空间等限制，导致修井作业更加艰难，处理手段比较单一，成功率低，耗时长，成本高，给油气井正常生产带来极大的影响。本书结合塔里木库车山前高压气井复杂工况下修井案例，分析总结了塔里木油田在高压气井压井、井筒疏通解堵、复杂处理、井口及附件带压更换等方面的施工经验，可供从事采气工程以及井下作业技术人员参考。

　　本书共分为四章：第一章介绍了高压气井突发环空压力异常控制压井技术和气井上修前压井技术；第二章介绍了高压气井井筒疏通解堵技术，主要包括化学方法疏通解堵、物理方法疏通解堵以及物理化学联合疏通解堵井筒技术；第三章介绍了高压气井套管找漏堵漏、小井眼打捞射孔枪以及油管、绳缆、钢丝打捞等复杂处理技术；第四章介绍了高压气井井口及附件带压更换技术。本书所总结的工程案例和工艺技术，可为后续气田开发方案编制、完井质量控制提供借鉴，也可为从事高压气井开发的技术人员提供参考。

　　本书由何银达、王洪峰、胡超、吴云才等合著。本书的作者均是长期从事油气田开发现场管理的科技工作者，因此全书以实际应用为主。由于高压超高压气井的特殊工艺技术可参考范例少，书中难免存在不足之处，敬请各位专家、学者批评指正。本书在编写过程中得到了兄弟油田单位和相关科研院校的大力支持，在此表示感谢。

作　者

2022 年 7 月

目录 CONTENTS

第一章 高压气井压井技术

第一节 高压气井压井技术简介

一、技术背景

随着塔里木油田天然气上产的跨越式发展,高压高产气井井完整性问题日益突出。目前,井完整性的核心是在全生命周期内建立两道有效的井屏障,降低地层流体不可控的泄漏风险。因此,高压气井安全压井问题已成为塔里木油田高效开发过程中的一个比较突出且亟待解决的技术难题。

高压气井修井作业的首要工作是压井。压井就是将具有一定性能和数量的液体泵入井内,并使其液柱压力相对平衡于地层压力的过程;或者说压井是利用专门的井控设备和技术向井内注入一定重度和性能的压井液,重新建立井下压力平衡的过程。而井控安全中核心的问题就是选取合适、有效的压井方法。对于一般的油气井,可能地层压力不是太高,可以采用压回法、置换法等常规压井方法压井,但对于高压气井发生井完整性缺陷时,井控风险高,现场可用于决策的时间有限,熟悉井下状况和地面装备等,才能在最短的时间内设计出较为合理的压井施工方案。要解决高压气井非常规压井的问题,就必须弄清非常规井控的基本原理,根据不同的地面设备条件和井下情况,选择不同的压井方法和施工参数,减少盲目性,提高成功率。

塔里木油田库车山前气藏是超深、高温、高压、高产气藏的典型代表,目前约 25% 的井存在井完整性问题,表现为采气井口渗漏、油套窜通、油管柱渗漏、井下安全阀问题、生产套管渗漏、技术套管渗漏等,其中油套窜通问题最为突出。大量的气井在生产过程中出现油管柱渗漏或外层技术套管环空持续带压,而外层技术套管压力一旦超过其管柱承受的极限压力,可能导致整口井报废,甚至引发天然气窜漏至地层、泄漏至井口等无法控制的灾难性事故。需要及时调整气井产量并进行压井,建立井下压力平衡,以便修井恢复井筒,重建井完整性,才能够及时控制风险,彻底解决高压气井环空带压问题,保证气井长期安全生产[1-4]。

二、井况及对策

库车山前气藏地层压力高、压井液密度窗口小，对于压井液密度很难选择，并且单井产气量大，常用的压井液易气侵。裂缝型砂岩地层易漏易喷，采用常规的压井方法容易将高压气体带入井筒，带来较大井控风险。单井生产井口套管头放压管线及控制阀组单一，无地面控制管汇及液气分离装置且库车山前气藏面积大，常规泥浆压井存在污染严重、成本高且调运不便。因此，综合考虑地面控制装备、压井液储备、井身结构及地层情况，需选择合适的压井方法快速有效地控制井筒，以达到压井的目的[5-9]。

1．压井液类型的选择

塔里木油田高压气井单井地层压力高，产气量大，用泥浆作为压井液，气侵严重，同时泥浆拉运或配置耗费时间长、成本高，对地层污染严重。因此，目前通常选用气田水或有机盐液体先进行压井或半压井，这种压井控制风险的方法具有气侵小、成本低、污染小、现场易取得的优点。

2．压井液密度的选择

根据塔里木油田井控实施细则要求，一般气井压井液密度为在地层压力系数基础上附加 $0.07 \sim 0.15 \text{ g/cm}^3$，但是，地层压力在开采过程中变化较大，高压气井漏失量大，因此，压井液密度的取得必须参考同区块的测井资料或该井作业时的压井液密度，以及邻井压井液密度进行综合考虑，通常是在地层压力基础上附加 $3.0 \sim 5.0 \text{ MPa}$。

3．压井方法的选择

压井方法选择的正确与否直接关系到压井成败与井控的安全。在处理高压气井时，压井方法的选择非常重要，不同的井况条件应选择不同的压井方法。如果压井方法选择不当，将会导致压井施工失败，严重时可能导致井控险情。塔里木油田库车山前高压、高产气井正常生产时井口压力为 $27 \sim 101 \text{ MPa}$。目前，结合采油气现场压井装备及地面控制设备等，常用的压井方法有带压置换法、节流循环法和挤压井法 3 种。

（1）对于高压低渗区块，关井压力超过 A 环空承压范围的高压气井，可选用带压置换法进行压井或半压井。带压置换法旨在降低井口压力，减小井控风险，在井口装置压力容许的情况下，多次置换、多次放压，循环操作，达到压井或半压井的目的。此方法多用在井口压力较高、井内管柱完整性良好、生产套管良好且可以承受高压以及压井液体准备充足的作业基础上。特点是必须利用高压泵车组，且泵注排量大，部分压井液会被高压气流带出井筒，可根据泵压及井口压力情况实时节流，同时结合井身结构质量和管柱力学性能，在压井过程中做好环空压力的实时补泄及监测工作。

（2）对于油套连通，连通通道较深或已进行深部油管穿孔的气井，可优先选用节流循环法进行压井。节流循环法压井的关键是根据现场地面控制装备确定合适的压井液密度、压井方法以及控制适当的回压。节流循环压井法分为反循环节流压井法和正循环节流压井法。两种方法指标的比较见表1.1。

表 1.1 两种压井方法指标的比较

项目	节流反循环	节流正循环
适用井况	压力高、产量大	压力低、气量较大
泵注方式	油套环空进，油管出	油管进，油套环空出
井液流速	由低到高	由高到低
沿程摩阻	损失小	损失大
井底回压	回压大	回压小
储层伤害	有一定损害	有轻微伤害
风险控制	井口降低控压，避免压漏地层	气量较大时，压井前适当放喷降压

（3）对于油套不连通且没有循环通道的高压气井，地面控制设备无保障或因某种事故不能进行循环的，不能采用节流循环法进行压井；地面无高压控制设备和油气水分离设备的，也不能采用带压置换法进行压井，以上井况可采用挤压井法压井。带压置换法压井适用于地层压力高，且吸液能力差的井筒条件。但挤压井法压井要确保地层有一定的吸液能力，可顺利将井筒流体压回地层。该方法是井口只留有压井液的进口，其余管路闸门全部关死，在地面用高压泵组将压井液挤入井内，把井筒中的油、气、水挤回地层，以达到压井的目的。

第二节　突发环空压力异常控制压井技术

井口突发环空压力异常是高压气井在生产运行当中可能遇到的,作为现场管理者,除了要做好异常井的日常监控工作以外,对于突发环空压力超高,达到红色风险等级的井,应尽快采取有效的控制措施,保证井口安全,防止事态恶化。利用挤压井的方式能有效地将井口风险降低,在行业内具有广泛的推广应用价值。

案例一　××2-22 井采用气田水挤压井

一、背景资料

××2-22 井于 2009 年 9 月 17 日投产,日产天然气 $50×10^4$ m^3、凝析油 51 t,油压 85 MPa。2009 年 10 月调产至 $86×10^4$ m^3/d,油压小幅波动下降至 80 MPa,并有下降速度加快的趋势。2010 年装置检修后开井,日产天然气 $80×10^4$ m^3、凝析油 66 t,油压 68 MPa,油压波动且下降速度加快,最高时日产天然气超过 $100×10^4$ m^3,油压波动最低至 25 MPa。2013 年日产降至 $40×10^4$ m^3,油压出现规律性波动。2014 年 5 月 16 日油压陡降至 11 MPa,活动油嘴无效,关井 6 h 恢复至 71 MPa,开井后下节流阀调开度配产 $30×10^4$ m^3/d,油压下降速率仍然较快。2014 年 11 月 30 日油压在节流阀开度不变的情况下,以更快的速度下降。2015 年 4 月 13 日倒入计量流程核实产量,因该井出砂较为严重导致计量管线砂堵关井。该井采气曲线如图 1.1 所示。

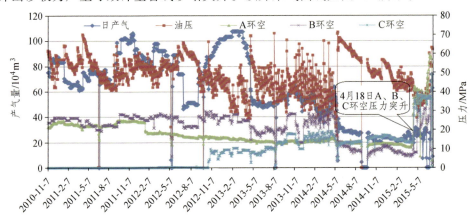

图 1.1　××2-22 井采气曲线

该井在 2015 年 4 月 18 日 14:55 关井检修，发现 A、B、C 环空压力均快速上涨；17:43 开井，A 环空最高涨至 67.5 MPa，B 环空最高涨至 49.46 MPa，C 环空最高涨至 58.35 MPa；19:43 进行环空放压，B、C 环空放压均为可燃天然气。开井后油压、A 和 C 环空压力基本一致（均为 38 MPa），造成现场无法关井，只能放大油嘴进行生产，由于该井存在出砂问题，放大油嘴后出砂情况更加严重，现场每天受到油嘴堵塞影响后需要关井快速检修油嘴，只有 24 h 派人值守来防止意外关井，给现场的人员、设备带来了极大的挑战，同时接近作业区全厂停车检修的日期，气井无法进站的矛盾又摆在眼前。该井压力异常变化曲线如图 1.2 所示。

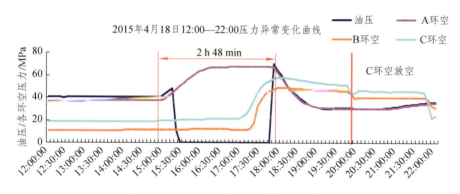

图 1.2　××2-22 井压力异常变化曲线

根据该井环空压力异常后开展的分析及现场测试结果，得出结论如下：

（1）通过分别卸开 7″（1″= 25.4 mm）、9 5/8″、13 3/8″ 套管头主副密封的试压堵头判断其密封性能，判断 7″、9 5/8″ 套管头主副密封有效，13 3/8″ 套管头主密封有效（副密封未测试）。

（2）2015 年 4 月 19 日，对 B 环空进行放压，先放出 2 L 固体杂质，接着放出 4L 液体，最后放出可燃气体；B 环空放压至 6.06 MPa 后关闭，压力稳定，B 环空放压过程中 C 环空压力基本不变，证实 B 环空压力源较小或环空不畅通。

（3）2015 年 5 月 16 日，对 A 环空注环空保护液，累计注入环空保护液 42 m³，在地面生产管线取样口处持续取液样，发现绿色液体，与补入的环空保护液一致，确认环空保护液进入油管内。

另外，该井在生产过程中油压和产量波动较大，单井出砂严重，井口不同位置的砂样如图 1.3 和图 1.4 所示。

图 1.3 ××2-22 井排污节流阀阀座砂样

图 1.4 ××2-22 井一级油嘴砂样

二、作业情况

××2-22 开井以后井口压力得到降低，但井口仍然存在一定生产风险，一旦发生意外关井，井口压力将再一次升高。以往部分隐患井是通过地面队进行持续放喷并监控，但是这样一方面会造成大量的天然气资源浪费，另一方面与环境保护相违背。因此，我们采用挤压井的方式来让单井实现安全关井，以及先通过泵车大排量向 A 环空挤压井，再向油管内进行挤压井，后再次向 A 环空内挤压井，将天然气压回地层，实现安全关井。施工示意图如图 1.5 所示。根据气侵的时间，重复组织压井施工，直到修井机准备就绪。

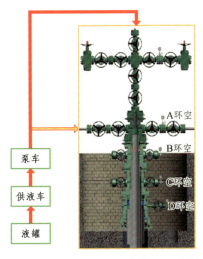

图 1.5 ××2-22 井压井施工示意图

××2-22井用气田水挤压井共施工两次，具体过程如下：

1．第一次压井施工

对 A 环空挤 1.4 g/cm³ 有机盐 50 m³，后对油管内挤清水 45 m³，排量 0.8 ~ 1.0 m³/min，最高泵压 63 MPa。压井前，生产油压 40.3 MPa，A 环空 40.3 MPa，B 环空 26.4 MPa，C 环空 37.1 MPa；压井后，关井油压 39 MPa，A 环空 34.9 MPa，B 环空 23.1 MPa，C 环空 36.5 MPa。利用清水挤压井施工压力曲线如图 1.6 所示。

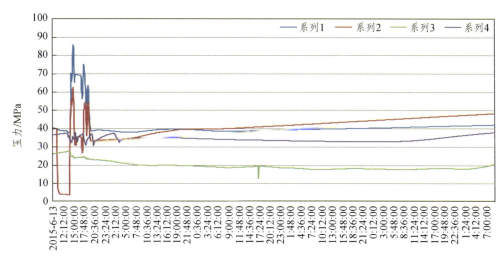

图 1.6　××2-22 井利用清水挤压井施工压力曲线

2．第二次压井施工

为了节约成本，将压井液用地层水替代（密度相对于清水高，费用相对于有机盐低）并进行了第二次压井施工，具体过程如下：先对 A 环空反挤清水 75 m³，后对油管正挤清水 35 m³，待油套稳定，对油管正挤密度为 1.1 g/cm³ 的污水 15 m³，对 A 环空反挤污水 55 m³，最后油套合注污水 10 m³，排量 1.0 ~ 1.3 m³/min，最高泵压 68 MPa。压井前，油压 45.1 MPa，A 环空 45.0 MPa，B 环空 26.6 MPa，C 环空 39.5 MPa；压井后，油压 34.6 MPa，A 环空 32.4 MPa，B 环空 26.2 MPa，C 环空 37.8 MPa。挤压井后 C 环空压力稳定一段时间，伴随 A 环空压力上升，C 环空压力出现拐点迅速上升，C 环空在压井过程中放出污水，证实 A 环空与 C 环空沟通性良好。利用地层水挤压井施工压力曲线如图 1.7 所示。

图 1.7　××2-22 井利用气田水挤压井施工曲线

安全关井 4 天后，受到天然气气侵影响，井口压力恢复到关井前压力，后再组织使用气田水进行压井，保障井口安全，××2-22 井累计组织压井 13 次（平均 4 天/次），实现安全关井 53.75 天，减少天然气放空 2 990 万 m^3，减少原油排放 2 596 t。

三、技术总结

一般来说，出现井口突发环空压力异常属于井完整性类型中的红色井，需要立即治理，而在上修井机之前会有一段时间的空白期，如何确保上修前井控安全是突发环空异常井需要考虑的情况。本井属于极端情况，单井出现突发环空异常，A、B、C 环空窜通，一方面关井会出现高套压，另外一方面持续开井时地层出砂频繁堵塞油嘴，造成关井。本井所采用的控制方案有以下特点：

（1）利用气田水作为压井液，将天然气推回地层，确保井口可控。其优点在于：相较于有机盐、泥浆等材料组织更为方便，不需要大量的材料和调配设备；零成本（除了运费）；塔里木油田稀井高产，在压井过程也要充分考虑地层状况，单井为裂缝性储层，地层压力梯度为 1.7 g/cm^3，重浆压井后可能造成地层永久性污染，可能出现修井后无产出的情况，因而在上修前采用密度为 1.1 g/cm^3 左右的气田水压井，能充分保护油气层，对地层压而不死。

（2）压井方式采用反-正-反挤压井模式，确保施工过程安全。其优点在于，本身单井风险在于环空压力达到套管头额定压力、套管抗内压强度的上限，若直接采用常规正挤压井方式，会将油管内天然气推至地层和环空，造成环空压力进一步升高而产生井口失控风险。单井油、套之间存在漏点，因此首选采用环控反挤的方式，同时保证在开井的情况下压井，确保在压井过程中天然气有疏散通道，防止在作业过程形成憋压，待泵压到一定程度后再实施关井，此时漏点以上环空充满气田水，B、C环空压力也得到控制。再对油管内实施挤压井，由于环空已经充满了气田水，就不用担心挤压井过程形成高套压，待油管内挤压井完成后，部分天然气会被推至环空，因此需要再次对环空实施挤压井，将环空内残余天然气推至地层，如此就能确保井压稳定。

案例二　××2-24井采用气田水挤压井和上修压井

一、背景资料

××2-24井是一口开发井。其原始地层压力为106.63 MPa，压力系数为2.11，温度为138.51 ℃，为异常高压气井。其主要生产历史及目前生产状况描述如下：该井2009年5月4日开钻，设计井深5 160.00 m，9月13日钻至井深5 140.0 m完钻，生产层段为新近系吉迪克组砂砾岩段—古近系库姆格列木群库二段（4 792.0～5 105.5 m，共97.5 m/15段）。2009年12月31日投产，投产初期配产46×10⁴ m³/d，油压85.73 MPa。2018年9月地面计量确认见水，并带水生产。截至2019年4月27日，累计产气26.98×10⁸ m³，产油23.06×10⁴ t，产水0.95×10⁴ t。

2019年7月检修关井后，A环空压力从18.78 MPa涨至33.3 MPa，开井后上涨至37.8 MPa后稳定；B环空压力从11.63 MPa降至5.14 MPa后又涨至25.30 MPa，后再次降至18.53 MPa，开井后上涨至31.5 MPa后稳定；C环空压力从6.6 MPa降至5.92 MPa后又涨至37.57 MPa，且已超出下法兰额定工作压力35 MPa，开井后压力最高上涨至42 MPa，后缓慢下降至37 MPa左右。2019年7月，组织对C环空进行泄压，泄压时间持续15 min,泄出的物质为无色可燃气体,泄压20 h后压力恢复至37.4 MPa，开井后继续上涨。2019年8月，对该井A、B环空进行泄压操作，A环空泄压时间持续20 min，泄放物为无色可燃性气体，B环空泄压时间持续10 min，泄放物为无色可燃性气体，停止B环空泄压后B环空压力开始上涨，C环空开始缓慢下降。2019年9月，B环空压力突然由31.73 MPa上涨至33.23 MPa，后逐步缓慢上涨；C环空压力突然由 37.16 MPa 上涨至 43.14 MPa，后缓慢下降，超推荐值。2019 年 10 月，产量由 22×10^4 m³ 上调至 33×10^4 m³，尝试通过降低井口压力来降低各级环空压力。油压由 59.72 MPa 下降至 55.94 MPa，A 环空压力由 37.94 MPa 上涨至 40.10 MPa（受温度变化影响）后下降；B 环空压力由 34.18 MPa 上涨至 40.85 MPa（受温度变化影响）后下降；C 环空压力由 42.11 MPa 上涨至 44.68 MPa（受温度变化影响）后下降；井口温度由 62.22 ℃ 上升至 73.64 ℃。2020 年 12 月 24 日，又因油套窜通开展隐患治理大修。

从主要生产历史、生产状况以及环空压力变化和测试情况分析，认为该井存在以下主要问题：

（1）油管渗漏，A、B、C 环空之间环空相关性较好。2019 年 7 月 20 日检修关井后，A、B、C 套管环空压力先后上涨，C 套最高达到 42 MPa，超出套管头下法兰额定工作压力（35 MPa），多次泄放后再次上涨；2020 年 4 月 27 日，A 套管环空压力为 38.21 MPa，B 套管环空压力为 32.22 MPa，C 套管环空压力为 34.54 MPa。

（2）C 环空 P 密封、主密封可能失效。C 环空 P 密封、主密封，P 密封之间、主密封内拆卸试压观察孔时有气体外泄，无法进行注塑、试压。

（3）井下存在落鱼，落鱼结构：$\phi 5.6$ mm 电缆 $\times 1825.3$m + 绳帽头 $\phi 36$ mm $\times 0.35$ m + $\phi 36$ mm $\times 2.8$ m 压力计（直读 1 只，存储 4 只）+ 加重杆 $\phi 45$mm $\times 15$ m + 导锥 $\phi 45$ mm $\times 0.12$ m，可能落至 4 940 m（射孔枪段内）。

经研究讨论，形成以下作业方案：挤压井，通井，确定遇阻位置；油管穿孔后循环压井，切割并起出封隔器上部管柱；套铣、打捞封隔器及下部管柱；找堵漏，二次完井。

二、作业情况

本次作业包括两次用气田水挤压井施工和上修压井作业，具体如下：

1．第一次用气田水挤压井施工

（1）连接压裂车组并管线试压。具体参数如下：压力为 85 MPa，稳压 15 min 合格，施工前油压为 33.1 MPa，A 环空压力为 50.1 MPa，B 环空压力为 32.8 MPa、C 环空压力由 40 MPa 下降至 32.8 MPa（毛细管点火放喷）。

（2）反循环挤压井。反循环挤压井作业过程中，油压和 A 环空压力先升后降，B 环和 C 环空压力先降后升。其中：油压先由 33.17 MPa 升至 50.7 MPa 后又降至 24.7 MPa；A 环空压力由 50.1 MPa 升至 53 MPa 后又降至 34.9 MPa；B 套管环空压力由 32.8 MPa 降至 17.5 MPa；C 环空压力由 32.8 MPa 降至 28.2 MPa。作业期间施工排量为 1～1.6 m³/min，且泵入密度为 1.07 g/cm³ 的气田水共 100 m³，而后对 B、C 环空毛细管进行点火放喷，油管关井进行反挤。

（3）切换至正挤压井流程，憋泵处理，并检查地面。其间，油压上升，A、B、C 环空压力下降，其中，油压由 24.7 MPa 升至 37.1 MPa，A 环空压力由 34.9 MPa 降至 25.2 MPa，B 环空压力由 17.5 MPa 降至 11.5 MPa，C 环空压力由 28.2 MPa 降至 11.1 MPa。

（4）正挤压井。正挤压井作业过程中，油压和 A 环空压力先升后降，B、C 环空压力下降，其中，油压由 37.1 MPa 升至 51.6 MPa 后又降至 43.6 MPa，A 环空压力由 25.2 MPa 升至 36.9 MPa 后又降至 33.2 MPa，B 环空压力由 11.5 MPa 降至 11.3 MPa，C 环空压力由 11.1 MPa 降至 0.8 MPa，其间排量为 1～1.6 m³/min，本阶段正挤气田水 35 m³，累计泵入气田水 135 m³。

（5）倒反挤压井流程。作业期间，油压先升后降，A 环空压力先降后升，B、C 环空压力下降，其中，油压由 43.6 MPa 升至 50.7 MPa 后又降至 24.7 MPa，A 环空压力由 33.2 MPa 降至 32.4 MPa 后又升至 43.8 MPa，B、C 环空压力分别由 11.3 MPa 降至 10.5 MPa、0.8 MPa 降至 0.6 MPa，施工排量为 1～1.6 m³/min，本阶段泵入密度为 1.07 g/cm³ 的气田水 35 m³，累计泵入气田水 170 m³。

（6）倒正挤压井流程。作业期间油压先升后降，由 24.7 MPa 升至 50.5 MPa 后再降至 21.2 MPa；A 环空压力由 43.8 MPa 降至 27.9 MPa；B 环空压力为 10.5 MPa；C 环空压力由 0.6 MPa 降至 0.3 MPa。施工排量为 1～1.4 m³/min，本阶段泵入密度为 1.07 g/cm³ 的气田水 52 m³，累计泵入 222 m³。

（7）停泵观察。可见油压为 21.2 MPa，A 环空压力为 26.3 MPa，B 环空压力为 10.4 MPa，C 环空压力为 0.3 MPa，施工结束。

本井 11 月 26 日—27 日利用气田水挤压井施工曲线如图 1.8 所示。

2．第二次用气田水挤压井施工

（1）将 1050 型泵车开至井口采气树和 A 套侧翼间，高压压井管汇试压 85 MPa，稳压 15 min，无压降，试压合格；用 1200 型泵车管汇试压 65 MPa，稳压 15 min，无压降，试压合格；切换泵车至 A 套试挤流程；使用两台 1050 型泵车向 A 环空试挤施工，试挤泵压为 46～26 MPa，试挤排量为 100～300 L/min，泵入压井液为密度 1.07 g/cm³ 的气田水，累计泵入液量为 9.12 m³。

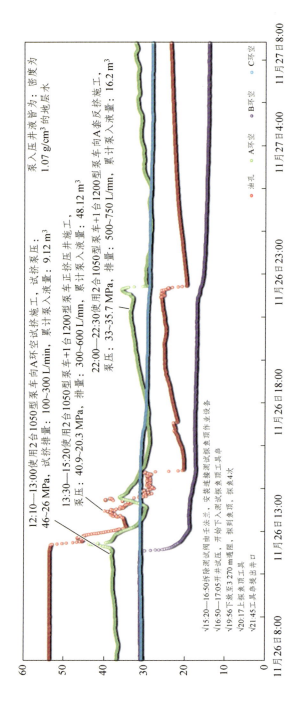

图 1.8 ××2-24 井第一次利用气田水挤压井施工曲线

（2）切换正挤压井流程，打开测试阀门；使用两台 1050 型泵车和一台 1200 型泵车向正挤压井施工，泵压为 40.9～20.3 MPa，排量为 300～600 L/min，泵入压井液为密度 1.07 g/cm³ 的气田水，累计泵入液量为 48.12 m³。

（3）拆除测试阀由壬法兰，安装连接测试探鱼顶作业设备；开井试压，开始下入测试探鱼顶工具串（绳帽头 + 3.4 m 加重杆 + 振击器 + 1.7 m 加重杆 + ϕ62 mm 探鱼顶工具），探鱼顶作业；下放至 3 270 m 遇阻，探到鱼顶，探鱼 4 次；上提探鱼顶工具；工具串提出井口；关闭采气树测试阀门，切换泵车至 A 套反挤流程；使用两台 1 050 型泵车和一台 1 200 型泵车向 A 套反挤施工，泵压为 33～35.7 MPa，排量为 500～750 L/min，泵入压井液为密度 1.07 g/cm³ 的气田水，累计泵入液量为 16.2 m³。

本次施工压井曲线如图 1.9 所示。

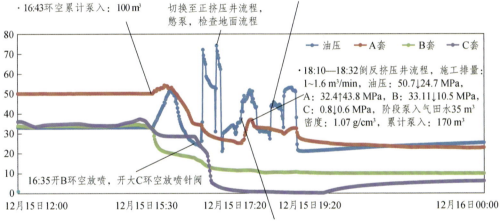

· 15:30—15:50 开始反挤压井，排量：0.5~1.3 m³/min，油压：33.1 MPa，A：50.1 MPa，B：32.8 MPa，C：32.8 MPa，累计泵入：25 m³，开取样口见液，15:55 关井；

· 16:00—16:35 继续反挤压井，排量：1~1.6 m³/min，油压：50.74↓24.7 MPa，A：53↓34.9 MPa，B：20.3↓17.5 MPa，C：28.7↓28.2 MPa，排量：1~1.6 m³/min，累计泵入：85 m³，B、C 放喷同时开；

· 16:43 环空累计泵入：100 m³

切换至正挤压井流程，憋泵，检查地面流程

· 18:34—18:48 正挤，泵入固化水，排量：1~1.4 m³/min，油压：44.1↓37.1 MPa，A：32.1↓31.1 MPa，B：10.6↓10.5 MPa，C：0.6↓0.5 MPa，阶段注入 20 m³，累计正挤 55 m³，累计泵入：195 m³；

· 18:50—19:20 继续正挤，排量：1~1.4 m³/min，油压：50.5↓21.2 MPa，A：30↓27.9 MPa，B：10.5 MPa，C：0.5↓0.3 MPa，阶段泵入气田水 27 m³，累计泵入：222 m³，此次压井作业结束

· 18:10—18:32 倒反挤压井流程，施工排量：1~1.6 m³/min，油压：50.7↓24.7 MPa，A：32.4↑43.8 MPa，B：33.11↓10.5 MPa，C：0.8↓0.6 MPa，阶段泵入气田水 35 m³，密度：1.07 g/cm³，累计泵入：170 m³

16:35 开 B 环空放喷，开大 C 环空放喷针阀

· 17:45—18:08 启泵，正挤气田水 35 m³，密度：1.07 g/cm³，油压：24.7↑37.1 MPa，A：34.94↓25.2 MPa，B：17.5↓11.5 MPa，C：28.2↓11.1 MPa，累计注入：135 m³；

· C 放喷调大

图 1.9　××2-24 井第二次利用气田水挤压井施工曲线

3. 上修压井作业

××2-24井上修压井作业施工过程如下：

（1）用压井液压井。包括两个环节：① 挤压井准备（连接泵车管线，并试压60 MPa，稳压15 min，压降0.5 MPa，试压合格）；② 环空挤压井。后者包括5个步骤：其一，挤入密度为1.68 g/cm³的油基泥浆48 m³，泵压从37 MPa降至20 MPa，排量从360 L/min升至760 L/min；其二，往油管内挤入1.68 g/cm³油基泥浆22 m³，泵压由25 MPa升至32 MPa，排量从550 L/min升至950 L/min；其三，停泵后，记录油压为4.7 MPa、套压为5.6 MPa；其四，使用密度为1.68 g/cm³的油基泥浆反循环节流排气，记录泵压为28 MPa、排量为300 L/min，液气分离器排气出口点长明火（在循环16 m³时排气出口火焰高约1 m，循环至32 m³时排气出口火焰自熄），循环60 m³后进出口密度一致后停泵；其五，关井观察，油压从0 MPa升至2.8 MPa，套压从0 MPa升至3 MPa（正常作业11 h，辅助作业10.5 h，井控装备运转正常）。

（2）用油基泥浆进行反循环压井。首先，用1.68 g/cm³油基泥浆反循环控压洗井，记录泵压在21～23 MPa，回压在4～9 MPa，排量为9 L/s；其次，关井后观察，发现油压从7.4 MPa升至9.7 MPa，套压从7.1 MPa升至10.4 MPa；再次，用1.72 g/cm³油基泥浆反循环压井，记录泵压在21～22.5 MPa，回压在4～6 MPa，排量为10 L/s；接着，开井观察，发现油、套出口无气无液；最后，用密度为1.72 g/cm³的油基泥浆反循环，无后效，压井成功。

本次施工的压井曲线如图1.10所示。

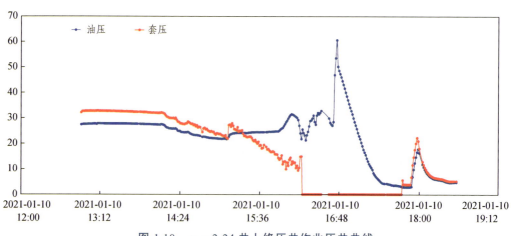

图1.10　××2-24井上修压井作业压井曲线

三、技术总结

压井施工共两次，第一次施工流程分为四个阶段：反挤压井→正挤压井→反挤压井→正挤压井，前三个阶段作业期间施工排量为 $1 \sim 1.6$ m³/min，第四个阶段作业期间施工排量为 $1 \sim 1.4$ m³/min，累计泵入气田水共 222 m³。最终油压为 21.2 MPa，A 环空压力为 26.3 MPa，B 环空压力为 10.4 MPa，C 环空压力为 0.3 MPa。第二次施工流程分为三个阶段：反挤压井→正挤压井→反挤压井，前两个阶段施工过程中泵压均降低，且幅度相当，在第三个阶段时先实施了探鱼顶作业，再进行反挤压井。该井采用挤压井控制安全关井技术，现场组织气田水由套管—油管—套管—油管大排量挤压井后，成功地将井口压力控制在安全范围，实现安全关井，为探鱼顶作业施工和后期打捞作业施工创造了有利条件。

本次作业施工工艺和采用的压井液体与案例一相同，不同之处是本井的特点在于：井筒内有 1 825 m 电缆落鱼，其鱼头位置和电缆在油管内的形态不清楚。初期利用气田水控制单井井口风险情况与××2-22 井情况类似，此时油管内压井通道是畅通的，但是在上修井机后采用重浆挤压井时，重浆与油管内电缆产生堵塞（通道小，固相泥浆形成堵塞）造成水眼不通畅，也有可能是在挤油管过程造成电缆成团，造成水眼不畅通。总之，在油管内有电缆或者钢丝落鱼情况时，挤压井过程要考虑将原本通畅的压井通道挤死的可能性，更需要在上重浆前利用气田水将天然气推回地层，再用重浆进行压井，此过程要注意控制施工排量，不推荐大排量挤压井。

第三节　气井修井前压井技术

本节介绍的气井修井前压井技术分为两种情况：一种是当油管断路，有循环通道时的压井；另一种是当油管堵塞，无循环通道时的压井。

当油管断路，有循环通道时，常规的挤压井、循环压井方法都已不适用，油管断落，导致无法在油管内下入工具。根据井筒压力平衡原理，认为断点以下油管内部已经全部充填环空保护液，根据"地层压力—油管断点以下环空保护液液柱压力=断点上部液柱压力"，只要在油管断点以上配置出合适的重泥浆即可以实现半压井，若需要的泥浆密度超过了现有的配置技术要求则无法实现。

当油管堵塞，无循环通道时，压井只能采用挤压井工艺。挤压井作业过程涉及复杂的井筒-地层耦合流动过程，井筒流动规律复杂，若压井参数设计不合理，可能会产生难以压稳地层和压漏地层两种情况，导致压井失败。塔里木库车山前储层裂缝发育，压力平衡窗口小，合理的压井工艺参数设计尤为关键。此时，应深入分析不同压井参数下井筒复杂流动规律，为挤压井作业参数的设计提供依据，有效保障高压气井修井压井作业的顺利实施。

案例三　××2-B2 井油管断路、有循环通道时压井

一、背景资料

××2-B2 井是一口开发井。××2 气田古近系气藏原始地层压力为 105.89 MPa，压力系数为 2.22，地层温度为 136 ℃，属于异常高压、正常温度系统。

该井于 2013 年 1 月开钻，于同年 6 月完钻，完钻井深 5 185.00 m，完钻层位为古近系库姆格列木群。2014 年 7 月开井投产，初期生产稳定。2014 年 8 月生产油压开始出现异常，油压快速下降，同年 12 月油压开始波动下降。2015 年 2 月油压开始巨幅波动，3 月油压异常下降且地面管线冻堵关井，8 月尝试开井生产，1 个月后油压异常下降再次关井，该井压力曲线如图 1.11 所示。

图 1.11　××2-B2 井压力曲线（2015 年 1 月—2016 年 4 月）

2015 年 7 月，对 ××2-B2 井进行平台期测试，在测试过程中，发现井下安全阀压力持续上涨，没有下降的趋势，未测试出平台期，现场放喷测试，发现油压为 70.1 MPa，

油压下降缓慢，确定井下安全阀为开启状态，判断井下安全阀无法关闭；同年9月，油压降低至20 MPa关井，关井后A环空压力由19.64 MPa上涨至54.51 MPa，异常升高，10月组织对A环空泄压，A环空压力没有下降迹象，放出物为可燃气体，判断油管存在漏点；同年11月，油压从63.94 MPa降至51.66 MPa，A、B、C环空压力分别从56.32 MPa降至44.60 MPa、43.74 MPa降至41.01 MPa、5.09 MPa降至4.67 MPa；之后油压又回稳至38.0 MPa，A、B环空压力分别为37.9 MPa、26.8 MPa。综合分析，油管存在较大漏失，环空保护液进入油管，结合该井生产及所处构造位置分析，油压不回升可能是目的层物性差所致，随后通井及打铅印证实，油管从1 670 m处断脱。

二、作业情况

面对油管断路但有循环通道问题，××2-B2井复杂修井作业的处理工序主要有：① 循环压井；② 换装防喷器并起甩原井油管；③ 切割油管；④ 用油基泥浆循环压井并起出原井油管；⑤ 打捞落鱼；⑥ 冲砂、刮壁；⑦ 测套管质量；⑧ 下压裂防砂管柱、压裂防砂；⑨ 通井、循环泥浆；⑩ 下改造-完井一体化管柱，坐入油管挂、换装井口、试压，替液、投球、坐封封隔器、验封，放喷求产（储层改造）。

循环压井是该井复杂修井的第一步，其作业内容主要包括用节流循环压井脱气和用合适密度的油基泥浆循环压井。

1. 用节流循环压井脱气

地面队安装管线并试压合格后，正循环节流压井脱气，参数如下：压力由20.4 MPa升至34.5 MPa，排量为8.0~14.5 m³/h，压井液密度为1.0 g/cm³，井深1 670 m。

泵入清水22 m³时，出口见返（油管断后，部分环空保护液进入油管，上部充满气体，压力为38 MPa），共泵入清水60 m³，返出清水38 m³，点火焰高5~8 m至自熄；间断放油、套压，油压由24.41 MPa降至0.62 MPa，套压由14.21 MPa降至0.4 MPa，共计放出清水1.2 m³。

油管内正挤密度1.0 g/cm³清水2 m³，排量34~51 L/min，油压由1.6 MPa升至68.2 MPa，套压由1 MPa升至70 MPa，B套由26.6 MPa升至37.1 MPa，测压降，油压由68.2 MPa降至61.38 MPa，套压由70.12 MPa降至63.13 MPa。油、套泄压至25 MPa，连接正循环压井管线，试压20 MPa/10 min不降，用清水正循环节流洗井脱气，压力26 MPa，排量200~240 L/min，深1 670 m，控制回压25 MPa。

2．用合适密度的油基泥浆循环压井

油基泥浆正循环压井，正挤油基泥浆，压力为 6～50 MPa，排量为 100～200 L/min，压井液密度为 2.0 g/cm³，深 1 670 m；敞井观察油、套有线流；地面配制 2.4 g/cm³ 泥浆 60 m³；油基泥浆正循环压井。

三、技术总结

按照气侵作用原理，该井井口压力在一段时间后应恢复至关井油压，但是直至修井前，油压和 A 环空压力一直保持在 38 MPa 左右（见图 1.12），说明油管内堵塞严重，造成井口压力得不到恢复，通井打铅印和试挤，验证了油管在 1 667 m 处断（见图 1.13），同时油管下部堵塞。

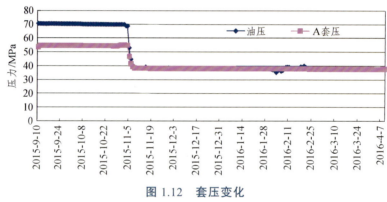

图 1.12　套压变化

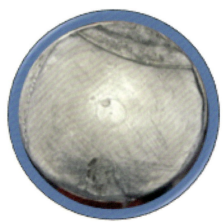

图 1.13　油管断处铅印

　　针对现状，常规的挤压井、循环压井方法都已不适用，油管断落，使得油管内工具也无法下入。如何确保压井成功，更换井口防喷器是整个施工的关键，通过分析，认为断点以下油管内部已经全部充填环空保护液，根据"地层压力－油管断点以下环空保护液液柱压力=断点上部液柱压力"，只要断点以上配置出合适的重泥浆便可以实现半压井，循环测后效确认安全后就可以更换井口，若需要的泥浆密度超过现有的配置技术要求则无法实现，因此我们采取了以下措施：

　　（1）清水节流循环脱气：用清水（密度为 1.0 g/cm³）正循环节流压井，泵入清水 60 m³，返出清水 38 m³，点火焰高 5～8 m 至自熄，油压由 32.2 MPa 降至 24.41 MPa，套压由 34.6 MPa 降至 14.21 MPa。

　　（2）正挤清水不通，证实油管内堵塞严重，后再次正挤密度为 1.0 g/cm³ 的清水 2 m³，排量为 34～51 L/min，油压由 1.6 MPa 升至 68.2 MPa，套压由 1 MPa 升至 70 MPa。

　　（3）控压节流循环，替入重浆压井：泄压后用清水正循环节流洗井脱气，使用油基泥浆（密度为 2.4 g/cm³）正循环压井，控制回压 0～25 MPa。油套敞井观察，无溢流，换装防喷器。采用了控压节流循环是非常有必要的，可以有效地保证井筒内的液柱压力，防止地层天然气的侵入。

案例四　××202 井油管堵塞、无循环通道时压井

一、背景资料

　　××202 井是一口评价井。××2 气藏原始地层温度为 136 ℃，属正常温度系统，原始地层压力为 105.89 MPa、压力系数为 2.18，属于低含凝析油块状底水异常高压凝析气藏。该井设计井深 5 400.00 m，目的层为上第三系吉迪克组、下第三系。

　　该井于 2001 年 6 月 4 日开钻，2002 年 4 月 5 日钻进至井深 5 330.00 m 完钻，完钻层位为白垩系。2002 年 5 月 14 日—9 月 9 日进行试油作业，共试油 5 层，均获工业油气流，2005 年 6 月 16—12 月 11 日第二次试油后下完井管柱后关井，2005 年 12 月 9 日，上提试井电缆，发现电缆多处断丝，电缆卡在防喷控制头阻流管内，无法提出（上提电缆张力 9.7 kN），切断电缆。井下落物：压力计 2 只，长 0.25×2 m，加重杆长 13.65 m，绳帽头 0.35 m，扶正器 0.75 m，电缆 1 749.75 m。2009 年 7 月 1 日开井投

产，投产后多次出现因油嘴发生堵塞造成产量波动较大，并呈现产量下降趋势，3 次检查油嘴均发现大量电缆丝。2010 年 3 月 13 日 21:48—21:51 油压发生突降现象，3 min 内油压由 59.11 MPa 下降至 13.41 MPa，日产气降为 6×10^4 m³ 左右。经分析判断为井下落物堵塞油管通道，3 月 13 日关井未再生产。

2012 年 11 月 20 日—2013 年 2 月 19 日对该井进行修井作业，治理隐患。下入连续油管至 2 750 m，注水泥塞，探得塞面 2 445.5 m。下入连续油管下带切割工具至 79 m，切割油管，起油管及井下安全阀，下入对扣管柱对扣成功。连续油管钻磨电缆堵塞物至 3 182.86 m，起至 1 563.76 m 遇卡，注水泥塞，候凝后起出连续油管，恢复井口。

该井当前问题：其一，井筒内有 2005 年测试产生的落鱼；其二，该井面临复杂工况——油管上部是水泥塞（生产管柱内预计有 330.0 m 水泥塞，未探塞面），油管下部有电缆。

二、作业情况

××202 井压井施工分两步作业：第一步，利用连续油管钻水泥塞；第二步，利用密度为 2.65 的泥浆进行半压井。

1．连续油管疏通

疏通方案包括以下四点：其一，缓慢下入连续油管钻磨工具串探遇阻位置，每下入一定深度后须开泵循环；其二，探遇阻位置后，上提下放三次确认遇阻位置，然后上提连续油管至遇阻位置以上，循环工作液；其三，钻磨油管内水泥塞，每钻磨 20 m 左右或视钻磨情况，上提下放连续油管并充分循环工作液，防止埋卡，钻磨放空后充分循环工作液至进出口液性一致；其四，钻磨速度控制在 3 m/min 以内，排量控制在 150~250 L/min，尽量靠近上限，可适当降低回压，利用地层流体能量。若钻磨过程中出现遇阻情况，应采用上提下放活动连续油管，并在安全许可范围内，可适当提高排量来进行冲洗；循环结束后，继续下放连续油管钻磨工具串探遇阻位置，每下入一定深度后须开泵循环；探遇阻位置后，上提下放三次确认遇阻位置，充分循环工作液后，记录遇阻位置后起出连续油管。

施工工期为 24 日，具体如下：

第 1 天，2 寸（1 寸 ≈ 3.33 m）连续油管边循环边下，当下深至 2 623.9 m 时遇阻，加压 1 t，复探 3 次遇阻位置不变，排量为 160～200 L/min，之后在 2 500 m 至 2 623.9 m 之间活动循环洗井，排量保持不变，其间提砂桶 5 次，出砂和水泥颗粒 4.5 L。

第 2 天，连续油管在 2 623.9 m 至 2 579 m 之间活动循环洗井，排量为 160～280 L/min；出口出现少量水泥块；循环上提连续油管至井口，排量为 200～280 L/min；更换钻磨工具串；连续油管带钻磨工具下深至 2 623.9 m 遇阻，遇阻位置不变（下放期间在 120～200 m 处遇阻 1.5 t，磨铣通过），排量为 110～200 L/min，其间提沙筒 1 次，出砂和水泥颗粒 5 L，捕获电缆丝 6 cm。

第 3 天，循环钻磨 2 623.9 m 至 2 709.77 m，进尺 85.87 m，排量为 100～200 L/min，其间提砂筒 4 次，出砂、水泥颗粒 25 L，捕获电缆丝 80 cm（其中最长一根 9.8 cm）、电缆残体 1 根（直径 4 mm，长 12.5 cm）。

第 4 大，循环钻磨 2 709.77 m 至 2 738.83 m，进尺 29.06 m，排量为 100～200 L/min，其间提砂筒 3 次，出砂、水泥颗粒 2.5 L，捕获电缆丝 85 cm（长 3～3.5 cm），捕获水泥块最大尺寸为 3.0 cm×2.2 cm×0.3 cm。

第 5 天，循环钻磨 2 738.83 m 至 2 772.56 m，进尺 33.73 m，排量为 100～200 L/min，其间在 2 752.2 m 处遇阻 1.5 t，后钻磨 1.5 h 通过；提砂筒 3 次，出砂、水泥颗粒 1.4 L，捕获电缆丝 3.4 cm，捕获水泥块最大尺寸为 3.8 cm×2.2 cm×1.1 cm。

第 6 天，循环钻磨 2 772.56 m 至 2 817.3 m，进尺 44.74 m，排量为 100～210 L/min，其间提砂筒 3 次，出砂、水泥颗粒 0.7 L，捕获水泥颗粒最大尺寸为 3.1 cm×1.9 cm×0.9 cm。

第 7 天，循环钻磨 2 817.30 m 至 2 850.88 m，进尺 33.58 m，排量为 100～220 L/min，其间提砂筒 4 次，出砂、水泥颗粒 1.3 L，捕获电缆丝 8.2 cm，捕获水泥颗粒最大尺寸为 2.5 cm×2.5 cm×0.9 cm。

第 8 天，上提连续油管至井口后，排量为 100～200 L/min；铣锥、磨铣加长短节外径轻微磨损，更换钻磨工具串；循环钻磨井段 2 850.88 m 至 2 869.36 m，进尺 18.48 m，排量为 200 L/min，其间提砂筒 2 次，出砂、水泥颗粒 0.2 L，捕获水泥颗粒最大尺寸为 6.3 cm×3.7 cm×1.9 cm。

第 9 天，循环钻磨井段 2 869.36 m 至 2 907.12 m，进尺 37.76 m，排量为 200 L/min，其间提砂筒 4 次，出砂、水泥颗粒 0.4 L，捕获水泥颗粒最大尺寸为 1.0 cm×0.6 cm×0.4 cm。

第 10 天，循环钻磨井段 2 907.12 m 至 2 951.80 m，进尺 44.68 m，排量为

200 L/min，其间提砂筒 4 次，出砂、水泥颗粒 0.4 L，捕获水泥颗粒最大尺寸为 1.0 cm×0.8 cm×0.2 cm，捕获电缆丝 7.4 cm，振动筛捕获水泥粉末 7 L。

第 11 天，循环钻磨井段 2 951.80 m 至 2 998.60 m，进尺 46.8 m，排量为 200 L/min，其间提砂筒 4 次，出砂、水泥颗粒 0.4 L，捕获水泥颗粒最大尺寸为 0.8 cm×0.4 cm×0.3 cm，振动筛捕获水泥粉末 25 L。

第 12 天，循环钻磨 2 998.60 m 至 3 042.68 m，进尺 44.08 m，排量为 200 L/min，其间提砂筒 4 次，未出砂、水泥颗粒，振动筛捕获水泥粉末 5 L。

第 13 天，循环钻磨 3 042.68 m 至 3 086 m，进尺 43.32 m，排量为 200 L/min，其间提砂筒 4 次，未出砂、水泥颗粒，振动筛捕获水泥粉末 2 L。

第 14 天，循环钻磨井段 3 086.00 m 至 3 183.36 m，进尺 97.36 m，排量为 200 L/min，其间加压钻磨至 3 183.2 m，遇阻后加压 1 t，提砂筒 4 次，出砂、水泥颗粒 0.5 L，捕获少许铁屑，振动筛捕获水泥粉末 6.5 L。

第 15 天，连续油管循环钻磨至 3 183.77 m 遇阻 10 kN，上提悬重至 310 kN 后降至 160 kN 解卡；钻磨井段 3 183.36 m 至 3 183.77 m，进尺 0.41 m，排量为 200 L/min；循环上提连续油管至井口，泵压为 4.5~10.5 MPa，排量为 90 L/min，回压 0.87~26.79 MPa（其间提砂筒 1 次，出砂、水泥颗粒 0.1 L，捕获电缆 7 cm、铁屑少许，振动筛捕获水泥粉末 1 L）；更换钻磨工具串；连续油管对井控装置整体试压；地面关井并监测压力（回压 40.10~41.20 MPa，套压 28.53~29.64 MPa）。

第 16 天，地面监测压力，回压 24.93~35.16 MPa，套压：10.76~30.44 MPa；连续油管带钻磨通井工具下至 328.62 m；上提连续油管至井口，关清蜡阀；用油嘴放喷求产；地面关井，地面监测压力（其间上提连续油管至井口，关闭采油树主阀，地面流程泄压，泄套压，提砂筒 3 次，捕获泥砂 8.5 L、水泥块最大尺寸 3.3 cm×2.2 cm×0.9 cm、电缆 12 cm、钢丝 2 m）。

第 17 天，油嘴放喷求产；两台泵车用有机盐冲砂液正挤压井，排量由 280 L/min 降至 80 L/min 后再升至 350 L/min，共挤入 35 m³；其间提砂筒 2 次，出泥砂 8.1 L，捕获钢丝 1.1 m；两台泵车配合正挤压井，排量由 300 L/min 升至 1 000 L/min 后降至 50 L/min 后再升至 150 L/min，挤压井 6 次，挤入清水 20 m³、有机盐冲砂液 16 m³，停泵后油压从 73.5 MPa 降至 21.4 MPa。

第 18 天，两台泵车用有机盐冲砂液正挤压井，排量由 200 L/min 升至 600 L/min 后降至 50 L/min 后再升至 100 L/min，共挤入 21 m³，停泵后油压不降；连续油管循环钻磨通井至 2 761.02 m，遇阻 10 kN，排量为 150 ~ 200 L/min；连续油管加压钻磨至 2 764.23 m，进尺 3.21 m，排量 150 L/min，回压 18.35 ~ 19.9 2MPa（① 其间提砂筒 3 次，出泥砂 9 L，捕获水泥颗粒最大尺寸 4.6 cm × 3.0 cm × 1.2 cm、钢丝 0.5 m，振动筛捕获水泥粉末 5 L；② 其间上提下放活动连续油管，在 2 755.7 ~ 2 761.02 m 反复遇阻）。

第 19 天，连续油管加压钻磨至 2 764.25 m，进尺 0.02 m，排量 150 L/min，回压 18.36 ~ 19.67 MPa；更换新螺杆马达及铣锥；将连续油管下深至 2 764.03 m 遇阻，遇阻 1.5 t；连续油管循环加压钻磨 2 764.03 m 至 2 800.26 m，进尺 36.23 m，排量 150 ~ 200 L/min，回压 0.84 ~ 31.73 MPa（其间反复上提下放活动连续油管，频繁遇阻，提砂筒 4 次，出砂、水泥颗粒 3.8 L，振动筛捕获水泥粉末 30.5 L）。

第 20 天，连续油管循环钻磨通井，井段 2 800.26 ~ 3 127.49 m，进尺 327.23 m，其间在 2 860 m 至 2 873 m、2 920 m 至 2 936 m、2 960 m 至 2 975 m、3 118 m 至 3 125 m 遇阻 10 ~ 15 kN，遇阻活动期间最高上提至 2 499 m，上提时挂卡 50 ~ 80 kN，排量 150 ~ 190 L/min，回压 15.20 ~ 28.90 MPa；连续油管循环上提至 2 952.44 m 遇卡，上提解卡最高负荷 330 kN，挤清水 14 m³，后活动解卡 4 次，解卡负荷 280 ~ 330 kN，其间提砂筒 2 次，出砂、水泥颗粒 18 L，捕获水泥颗粒最大尺寸 3 cm × 2.9 cm × 0.6 cm，振动筛捕获水泥粉末 5 L。

第 21 天，油嘴放喷求产；循环上提连续油管至井口，排量 50 ~ 140 L/min，回压 23.64 ~ 35.27 MPa；两台泵车用清水试挤，排量 100 ~ 200 L/min，挤入 2 m³，停泵油压缓降；连续油管活动解卡，最大上提悬重 350 kN，解卡成功，泵压 27.77 ~ 52.10 MPa，排量 80 ~ 230 L/min；连续油管解卡成功，开始上提连续油管；其间提砂筒 1 次，出砂、水泥颗粒 5 L，捕获水泥颗粒最大尺寸 1.9 cm × 1.8 cm × 0.7 cm，捕获电缆 2.4 cm，振动筛捕获水泥粉末 1 L。

第 22 天，用循环液 9 m³ 顶替连续油管及地面管线内盐水，更换切割工具；连续油管带切割工具下深 3 133.91 m 遇阻 2 t，复探 3 次深度不变，上提连续油管至 3 130.02 m；连续油管带切割工具于 3 130.02 m 进行切割，排量 50 ~ 180 L/min，判断切割未切穿；后又上提连续油管至 3 127.97 m，进行第二次切割未完。

第 23 天，连续油管上提至井口，泵车用循环液环空补液 6.5 m³，排量 40 ~ 80 L/min，循环液密度 1.0 g/cm³；检查工具发现割刀刀片磨损严重，地面测试螺杆马达、割刀工作正常但锚定器无法打开（锚定块被小水泥块卡住）；对井控装备整体试压；连续油管带切割工具下深 2 836.44 m 遇阻 2 t，复探 3 次深度不变，其间提砂筒 1 次，出砂、水泥颗粒 2 L，捕获水泥颗粒最大尺寸 1.0 cm×0.8 cm×0.6 cm。

第 24 天，连续油管切割工具串定位于 2 833.80 m，起泵切割，排量 50～120 L/min；油套联通，切割完毕；上提连续油管至井口，泵车用循环液补液，排量 0～50 L/min；泵车用循环液正挤，排量 100～120 L/min，挤入 0.6 m³；连续油管钻水泥塞作业结束。

2．压井

压井方案如下：其一，用隔离液 + 密度 2.51～2.59 g/cm³ 的压井液循环替出保护液并循环压井至进出口压井液性能基本一致；其二，开井观察，待井内平稳满足后续工序安全作业后再循环压井液 1.5 周以上；其三，拆采气井口，安装防喷器组并试压；其四，连接地面管线并按规定试压。

施工过程概述如下：

调配压井液；用密度为 1.12 g/cm³ 的气田水反循环洗井；反循环密度为 1.05 g/cm³ 的凝胶隔离液 5 m³ + 密度为 2.65 g/cm³ 的油基压井液 53 m³ 替出密度为 1.12 g/cm³ 的气田水 45.2 m³，排混浆 12.8 m³；接采油树左翼闸门，对管线试压 25 MPa，稳压 10 min，正循环密度为 2.65 g/cm³ 的泥浆，回压 3～6 MPa；开井观察，油、套出口无气无液；正循环密度为 2.65 g/cm³ 的泥浆至进出口一致。

下油管堵塞阀，泵车正打压试压合格；拆甩采气树，安装防喷器组，防喷器组自下而上依次为：FZ28-105 剪切全封一体单闸板防喷器 + 2FZ28-105 双闸板防喷器（内置双 3 1/2″封芯）+ HF28-70/105 环形防喷器 + 28-70×35×35 变压变径法兰 + 旋转控制头；旋转控制头壳体试压（24.5 MPa 合格），对剪切全封一体闸板防喷器试压 105 MPa/30 min，不降合格；对双闸板防喷器上半封（内置 3 1/2″封芯）试压 105 MPa/30 min，不降合格；对双闸板防喷器下半封（内置 3 1/2″封芯）试压 105 MPa/30 min，不降合格；对环形防喷器试压 49 MPa/30 min，不降合格；对液控管线试压 21 MPa/10 min，不降合格；对环形液控管线试压 10.5 MPa/10 min，不降合格。

三、技术总结

××202 井在检修过程中发现井口节流阀有大量腐蚀的电缆碎屑。由于被腐蚀电缆堵塞了油管通道，造成井口压力下降并关井停产。在对该井实施半压井试验的过程中，井下安全阀控制管线发生破坏并自动关闭，导致井下安全阀不能正常开启。

从××202井井口返出的钢丝碎屑判断，井底腐蚀严重，如不尽快处理井下电缆，若因腐蚀引起油管穿孔，则会造成很大的安全风险。控制管线泄漏又导致安全阀失效，无法正常开关井，管柱内被堵，无压井通道，且管柱内形成圈闭压力，存在严重的安全隐患。

作业难点：

（1）由于该井井口压力为88.31 MPa，如何控制好井口压力，确保施工安全是整个修井工作的首要任务。该井使用"环形＋单闸板＋双闸板"的封井器组合，并从油管挂接油管到钻台面，钻台面以上用变扣接四通，然后连接防喷盒与105 MPa的连续油管防喷器。

（2）由于井下安全阀不能正常开启，强制打开井下安全阀会导致油套连通；下入专用井下安全阀阀瓣撑开工具会导致井下安全阀内径缩小，无法实施过油管作业；直接通过井下安全阀下入工具进行作业，管柱被卡的风险极高；在井下安全阀阀瓣的中心钻孔需要将阀瓣一直固定在关闭位置，不具备可行性；因此只能采用连续油管打水泥塞的方案。通过井口施加一定的压力使井下安全阀上下压力相对平衡，然后直接用连续油管通过井下安全阀，并下探电缆落鱼，在探得鱼头以后开始实施注水泥作业，对井内自由电缆和井内高压进行封固作业。

（3）如何在高压情况下安全疏通油管通道，建立压井通道，为钻磨井内水泥塞及电缆堵塞物提供条件；如何克服在沟通地层压力后上顶力对连续油管造成冲击，成为这个阶段的技术重点。

该井修井压井过程中井内管柱无压井液循环通道，修井压井只能采用挤压井工艺。挤压井作业过程涉及复杂的井筒-地层耦合流动过程，井筒流动规律复杂，若压井参数设计不合理，可能会产生难以压稳地层和压漏地层两种情况，导致压井失败。塔里木库车山前储层裂缝发育，压力平衡窗口小，合理的压井工艺参数设计尤为关键。高压气井挤压井过程中的井底压力和油压对地层渗透率、储层厚度、地层压力和压井液排量等参数较为敏感，储层渗透率和厚度越低，地层压力越高，压井井底压力和油压越高，提高压井排量能够显著减少压井时间。不过，压井井底压力有所提高，挤压井作业施工需要充分考虑这些因素的影响，在保证压井效率的同时，避免压漏地层，这一点对于低渗、特低渗高压储层尤为关键。

整个施工过程虽然有卡钻事故的发生，但是总体平稳顺利，可见通过前面详细的计算和施工准备，在控制回压的情况下顺利通过井下安全阀，打水泥塞封固井内高压后处理井下安全阀，通过挤压井工艺为后期对电缆落鱼进行钻磨的工艺提供条件是可行的。

 # 第二章　高压气井井筒疏通解堵技术

第一节　高压气井井筒疏通解堵技术简介

一、技术背景

××2气田是塔里木盆地库车坳陷秋里塔格构造带上的一个超高压复杂气藏，原始地层压力为106.22 MPa，地层温度为136.27 ℃；储层岩性以粉砂岩、细砂岩为主，填隙物含量较高，占岩石总成分的10%以上；储层岩石孔隙度为4.9%～8.97%、渗透率为0.09～1.11 mD，属低孔、低渗-特低渗储层，非均质性强。该气田自2009年6月投产以来，先后出现气井油压波动并持续下降、生产管柱堵塞等问题。截至2018年2月，气田26口生产井中出现油压波动、出砂等异常情况的有21口，占总井数的84%，严重影响了气井安全稳定生产，部分井增大产量以弥补由于堵塞带来的产量损失。大修其间，化验分析了从井筒中取得的堵塞物，发现主要以碳酸钙、硅酸盐、重晶石、铁腐蚀物垢为主，地层砂含量很少。现场先后试验了油管穿孔、自喷解堵、连续油管、大修作业等解堵工艺，但放大生产压差、油管穿孔解堵工艺效果有限且有效期较短，而连续油管疏通、大修井作业周期长，成本高，井控风险高。近年来，为减小施工风险，开展了××2气田高压气井井筒堵塞原因分析，明确了造成气井井筒堵塞的原因和堵塞物类型，并提出了针对性的解堵措施，有效地解决了制约气田平稳生产的问题[10-14]。

二、井筒堵塞物分析

××2气田共有15口井在生产过程中从井口取得堵塞物，化验分析井口堵塞物主要以地层砂为主。有3口井在修井和作业过程中从井筒中取到堵塞物，井筒堵塞物主要以垢（碳酸钙、硅酸盐、重晶石、铁腐蚀物）为主。堵塞物取样化验分析结果见表2.1[11-13]。

表 2.1 井口堵塞物取样化验分析结果

取样序号	日期	有机物及化合水	二氧化硅	硅酸盐	钠	钾	镁	钙	铁、氧化铁	氯	硫酸根	硫酸钡
1	2016-02-14	5.32%	84.69%	2.86%	2.06%	—	—	—	—	—	—	—
1	2016-08-03	25.65%	37.23%	—	0.70%	0.88%	0.18%	0.04%	15.04%	8.71%	0.52%	—
2	2015-11-11	1.45%	84.62%	—	—	—	2.56%	—	1.46%	—	—	—
3	2016-07-29	23.82%	50.48%	—	0.87%	1.08%	0.24%	0.08%	8.08%	14.86%	0.98%	—
4	2016-07-28	23.27%	45.95%	—	0.75%	1.02%	0.20%	—	16.98%	11.15%	0.50%	—
5	2015-09-01	5.07%	—	20.30%	14.56%	—	—	21.20%	1.78%	—	—	47.50%
5	2015-09-01	4.68%	—	28.46%	3.96%	—	—	28.92%	1.24%	25.64%	—	—
5	2015-09-01	—	—	—	61.22%	17.42%	—	16.25%	—	—	—	—
6	2016-11-23	7.44%	1.44%	—	—	22.64%	0.64%	19.28%	1.28%	—	1.04%	—

三、井筒堵塞原因分析[10-15]

1．地质因素

××2气田储层岩石石英含量为27%，长石含量为15%，岩屑含量为58%；储层颗粒以线接触为主，碳酸盐胶结物发育，其质量分数为3%～15%，胶结物含量与储层物性呈明显负相关；储层物性较好，存在出砂可能性。

2．工程因素

××2气田钻井过程中钻井液漏失量大，且钻井液为聚磺体系，用重晶石和铁矿粉加重，钻井液的返排会造成井筒堵塞。另外，多数井在目的层进行过堵漏，堵漏材料（核桃壳、锯末、蛭石等）用量大，逐渐返排也会造成井筒堵塞。××2气田气井均进行过大型酸压改造，大量未返排出的酸液会降低岩石强度，对出砂有一定影响。在完井方式上，××2气田20口井采用负压射孔一次性完井工艺技术（封隔器和射孔枪之间用打孔油管为生产通道），打孔孔眼只有3 mm，容易造成堵塞。

3．开发因素

通过××2气田生产井生产压差统计，生产压差大的井出砂比例明显高于生产压差小的井。××2气田的部分生产压差小的井，出砂开始时间与气井提产时间具有很好的对应关系。可见，生产压差大是造成××2气田生产井出砂的重要原因。井筒堵塞后产生频繁、剧烈的压力激动，又加剧了地层出砂，加剧了井筒堵塞。

四、治理措施[10-15]

1．增大压差解堵

针对油压规律性波动的井，放大油嘴降低油压后，堵塞位置上部压力下降，加大堵塞位置上下的压差，缓解井筒堵塞。增大压差解堵措施对井筒堵塞轻微的井有一定的效果。例如，×井通过降压解堵措施油压和产量得到恢复，但是很快油压和产量又出现了波动。从措施实施效果分析认为，降压解堵利用压差和气量将井筒中的部分砂和堵塞物携带出，只能起到暂时疏通井筒的作用，而且降压时间如果过长会增加井底的生产压差，加剧地层出砂。因此，不建议频繁采用此方法。

2．油管穿孔

××2 气田共有 3 口井实施了 5 次封隔器以下油管穿孔作业。油管穿孔后，油压产量明显上升，解堵效果较好，但有效期较短（1 个月到 1 年不等）。油管穿孔措施总体特征为：穿孔段越长，解堵后油压和产量恢复越好，穿孔后生产时间越长；生产一段时间后井筒又出现堵塞，油压产量重新波动下降，不能维持长期生产。

3．酸化解堵

针对 ××2 气田井筒堵塞物分析结果，研制了相应的解堵剂体系，现场应用中措施解堵效果明显，但部分井生产一定周期后油压出现波动，分析认为酸液对井筒中的垢类堵塞物进行溶蚀，所以生产一段时间后又会形成堵塞。

4．连续油管疏通解堵

采用连续油管冲砂，更适用于出砂井的解堵，通过控压节流循环将地层砂疏通出井筒，以及堵塞特别严重的井，形成砂桥、垢桥、垢环等工况，单一的疏通垢堵效果是不如酸化解堵，同时受到油管内径限制，螺杆马达以及磨铣头在疏通过程容易被附着在油管内壁上的垢环卡死，形成复杂。

综合以上 4 种治理措施的特点，建议能化学解堵不物理解堵，同时存在砂、垢堵塞的井，先酸化再连续油管冲砂，甚至先酸化再冲砂，再酸化再冲砂消除井筒堵塞，以及连续油管替酸解堵方案，具体需要根据实际井况来选择。

五、DI 指数法选定解堵时机

解堵时机难确定，目前高压气井堵塞状况无有效判别方法，常使用经验判断，常导致"过早影响解堵效果，过晚增加措施成本"。

优化井筒堵塞程度预测方法，科学指导解堵时机，具体方法如下：

（1）基于人工神经网络模型，将堵塞程度经验预测优化为堵塞程度定量方法（DI 指数，见图 2.1）。绿线为理想 DI 指数，表示井筒无堵塞下理论 DI 指数，蓝线为实际生产 DI 指数。实际 DI 指数≥理想 DI 指数，表明井筒流动通道无阻碍；实际 DI 指数＜理想 DI 指数，表明井筒流动通道存在堵塞现象，两者差值越大表示井筒堵塞越严重。本方法实现了井筒堵塞状况定量识别，解决了依靠传统经验定性判断解堵时机误差大的不足，可科学评估井筒堵塞状态和解堵措施效果。

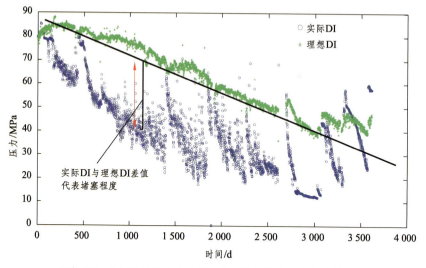

理想 DI—选择区块典型井计算，反映该区块真实的生产趋势；
实际 DI—根据堵塞井计算，与理想 DI 对比，确定解堵时机。

图 2.1　典型井 DI 指数评价结果

（2）形成了井筒堵塞程度分级管理制度，对不同堵塞程度高压气井采取相应的措施。定义实际 DI 相比理想 DI 的下降幅度为井筒堵塞率（见表 2.2），当堵塞率 < 30% 时，堵塞对产量影响不大，需密切关注；当堵塞率在 30%~50% 时，是采取解堵措施的最佳时间；当堵塞率 > 50%，严重影响产量，应避免这种情况发生。井筒堵塞程度分级管理科学指导了最佳解堵时机，避免"过早作业无效，过晚增加成本"。

表 2.2　井筒堵塞程度分级管理制度

井筒堵塞率/%	堵塞程度	措施类型
堵塞率 ≤ 5	无	无堵塞
5 < 堵塞率 ≤ 30	弱	跟踪观察
30 < 堵塞率 ≤ 50	中等偏弱	择机解堵
50 < 堵塞率 ≤ 70	中等偏强	避免
堵塞率 > 70	强	避免

应用实例：××2-7 井解堵设计时间 2019 年 2 月 14 日，经 DI 指数评估，井筒堵塞率小于 30%（见图 2.2），建议跟踪观察，直至 2019 年 12 月 1 日作业，延迟了 9.6 个月。

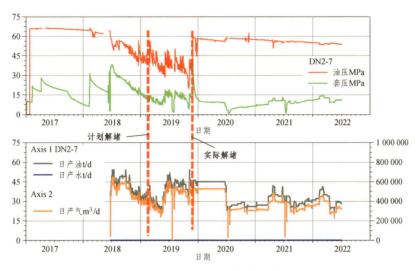

图 2.2 ××2-7 井 DI 指数评价结果

第二节 化学方法疏通解堵井筒技术

针对 ××2 气田井筒堵塞问题，根据井口异物、生产管柱堵塞物化学成分，认为井筒堵塞物主要来源有 3 种，分别为地层砂、一定环境下结晶的碳酸盐垢和有机物。总结油管穿孔、连续油管疏通管柱、更换管柱并清理井筒的已有解堵措施经验，结合 ××2 气田单井打开厚度大、非全通径管柱为主、井筒遇阻位置距离射孔底界较远的实际情况，认为化学解堵适用于 ××2 气田目前阶段的解堵方法。具体方案应根据垢样成分、产层吸液压力及取得大量垢样溶蚀数据的基础上，结合井筒垢块的溶蚀率和油管腐蚀速率，针对性地提出合理的解堵方案。

案例五 ××2-10 井采用酸性解堵

一、背景资料

××2-10 是 ×× 凝析气田的一口观察井。其构造位置在塔里木盆地库车坳陷秋里塔格构造带 ××2 号构造中部。其原始地层压力为 74.87 MPa，压力系数为 2.12，温度为 138.51 ℃，为异常高压凝析气藏。

该井于 2014 年 1 月完钻，完钻井深为 5 242 m，于 2014 年 5 月进行酸压施工，酸压施工后，6 mm 油嘴求产，油压 50.6 MPa，折日产油 1.26 m^3，折日产气 25.6×10^4 m^3，测试结论为凝析气层。2014 年 10 月开井投产，初期油压为 40 MPa，日产气 31×10^4 m^3，日产油 25 t。

投产后，油压和产量波动下降，井口于 2016 年 2 月、4 月取得异物。2017 年 3 月，油压低于 25 MPa，日产气低于 20×10^4 m^3。2018 年 7 月，进行井筒解堵作业，解堵前，油压为 20.6 MPa，日产气 15.32×10^4 m^3，日产油 13 t；解堵后，油压 45.0 MPa，日产气 23.31×10^4 m^3，日产油 19 t，恢复产能，井筒解堵投产后生产过程中产量油压缓慢波动下降。2020 年 4 月，流温流压梯度测试前采用 ϕ40 mm 通井规通井遇阻（硬遇阻），遇阻深度为 4 664 m（变径位置）。截至 2020 年 10 月，油压为 20.5 MPa，日产气 10.21×10^4 m^3，日产油 9 t，A 环空压力为 7.64 MPa，B 环空压力为 28.93 MPa，C 环空压力为 30.86 MPa，累计产气量 3.20×10^8 m^3，累计产油 2.68×10^4 t。

前期 ×× 2 气田井筒堵塞物样品分析结果（见图 2.3）表明，库车山前井筒堵塞以无机垢为主，占比为 60.1% ~ 90%。结合本井生产情况和已取得井筒堵塞认识，综合分析认为本井井筒堵塞类型主要是垢堵。

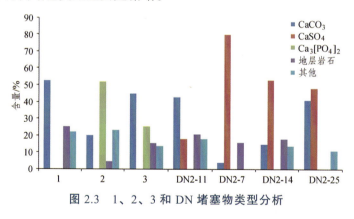

图 2.3 1、2、3 和 DN 堵塞物类型分析

二、作业情况

本井施工步骤包括三个步骤：其一，连接地面施工管线，对高压管线试压 95 MPa、稳压 5 min 至合格；其二，按解堵施工泵注程序进行施工，泵注结束后关井反应不少于 2 h，开井放喷求产；其三，施工结束后返排残液按要求处理。

施工材料包括前置液 60 m³ 和解堵液 80 m³。

本井液体配置数据和配方明细见表 2.3。

表 2.3　液体配置数据

液体名称	密度/(g/cm³)	黏度/(MPa·s)	pH 值	液体配方描述	配制量/m³
前置液	1.000		6.0	1% 破乳剂 + 1% 助排剂 + 1% 黏土稳定剂 + 5% 甲醇 + 清水	60.00
解堵液	1.040			9% 盐酸 + 1% 氢氟酸 + 5.1% 缓蚀剂（3.4% 主剂，1.7% 辅剂）+ 1% 黏土稳定剂 + 1% 破乳剂 + 1% 助排剂 + 2% 铁离子稳定剂 + 5% 甲醇	80.00

泵注程序及相关参数描述如下：① 试压，稳压 5 min；② 试挤前置液，泵注量 20.00 m³，泵压在 57.20 ~ 69.80 MPa，套压在 7.20 ~ 28.50 MPa，排量为 0.33 ~ 1.61 m³/min；③ 低挤解堵液，泵注量 80.00 m³，泵压在 51.90 ~ 69.20 MPa，套压在 20.50 ~ 28.50 MPa，排量 1.04 ~ 1.74 m³/min；④ 低挤前置液，泵注量 18.00 m³，泵压在 46.60 ~ 50.80 MPa，套压在 22.00 ~ 24.20 MPa，排量 1.04 ~ 1.04 m³/min；⑤ 停泵反应，泵压由 34.70 MPa 降至 27.70 MPa，套压由 21.60 MPa 升至 24.90 MPa；⑥ 低挤前置液，泵注量 20.00 m³，泵压在 27.90 ~ 54.90 MPa，套压在 19.00 ~ 25.00 MPa，排量 1.06 ~ 1.484 m³/min。

本井解堵施工曲线如图 2.4 所示。

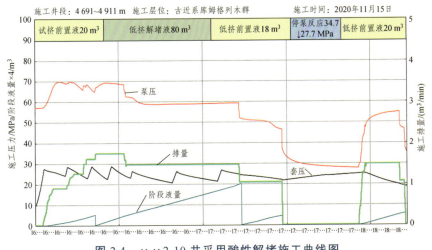

图 2.4　×× 2-10 井采用酸性解堵施工曲线图

三、技术总结

库车山前井筒堵塞以无机垢为主，占比为 60.1%～90%。结合本井生产情况和已取得井筒堵塞认识，综合分析认为本井井筒堵塞类型主要是垢堵。按解堵施工泵注程序进行施工，先试挤前置液 20 m³，再低挤解堵液 80 m³，低挤前置液 18 m³，停泵反应，泵压由 34.70 MPa 降至 27.70 MPa，套压由 21.60 MPa 升至 24.90 MPa；最后低挤前置液 20.00 m³，泵压在 27.90～54.90 MPa，套压在 19.00～25.00 MPa；说明该井配制的解堵液〔9% 盐酸 + 1% 氢氟酸 + 5.1% 缓蚀剂（3.4% 主剂，1.7% 辅剂）+ 1% 黏土稳定剂 + 1% 破乳剂 + 1% 助排剂 + 2% 铁离子稳定剂 + 5% 甲醇〕起到了较好的解堵效果。

案例六　××2-5 井采用碱性解堵

一、背景资料

××2-5 井是一口开发井。该井于 2006 年 7 月 17 日开钻，2007 年 4 月 27 日完钻，完钻井深 5 087.4 m，完钻层位：古近系库姆格列木群。

该井于 2009 年 6 月 28 日以 50% + 55% 生产制度投产，投产初期日产气 55 × 10⁴ m³、油压 84 MPa，历史最高日产气 90 × 10⁴ m³，2009 年 9 月油压开始快速下降。2010 年 4 月油压开始频繁波动且井口多次取得异物，同年 10 月对油管 CCS 球座以上 4 716.05～4 718.05 m 穿孔，孔密度为 10 孔/m，孔径为 7 mm。2012 年 9 月对油管 CCS 球座以上 4 695～4 699 m、4 700～4 704 m、4 706～4 710 m 穿孔，孔密度为 13 孔/m，孔径为 10 mm。2016 年 10 月连续油管疏通管柱作业，最大冲砂深 4 687 m，疏通管柱 1 075 m，累积返出地层砂 57.1 L，在 3 627～3 724 m 井段作业其间返出垢 40 余升。2018 年 7 月 30 日进行井筒酸化解堵作业，解堵液（9% 盐酸 + 1% 氢氟酸体系）20 m³，作业注入井筒液量 92 m³，挤入地层总液量 69.3 m³，排量 0.44～1.32 m³/min，泵压 34.4～52 MPa，解堵后油压 54.9 MPa、日产气 40.1 × 10⁴ m³/d、油压增加 26.1 MPa。截至 2021 年 4 月 10 日，以 20% + 20% 生产制度生产，油压 34.95 MPa，A 环空压力

36.4 MPa，日产气 $25.7 \times 10^4 \text{ m}^3$，日产油 22.45 t，日产水 16.87 t，累计产气 $16.17 \times 10^8 \text{ m}^3$、产油 $13.55 \times 10^4 \text{ t}$。

该井存在问题：井筒堵塞，油压产量低，结合迪那区块类似井、本井生产情况分析，生产现状是由堵塞物堵塞井筒或者地层生产通道导致。

根据××2气田井筒堵塞物研究结果，通过室内实验评价优选出了碱性除垢解堵剂体系，该体系对井筒垢块的溶蚀率高，同时对油管腐蚀速率低，实验评价结果见表2.4 ~ 表2.7。

表 2.4　除垢解堵剂基本性能测定结果

序号	液体类型	外　观	pH 值	密度/(g/m³)	黏度/(MPa·s)	表面张力/(MN/m)
1	除垢解堵剂原液	浅黄色液体	11.6	1.179	2.76	31.25

表 2.5　除垢解堵剂稀释液（50% 体积比）与地层水、化学添加剂配伍性能结果

序号	类型	条件	结果	备注
1	除垢解堵剂稀释液		无分层、无沉淀	
2	除垢解堵剂稀释液：地层水 = 1:2		无分层、无沉淀	
3	除垢解堵剂稀释液：地层水 = 1:1	90 ℃、2 h	无分层、无沉淀	地层水为××201井分离器取样
4	除垢解堵剂稀释液：地层水 = 2:1		无分层、无沉淀	
5	地层水		无分层、无沉淀	
6	50% 除垢解堵剂原液 + 2% 黏土稳定剂 + 1% 助排剂 + 5% 甲醇 + 42% 清水		无分层、无沉淀	

表 2.6　不同浓度解堵液 120 ℃下对垢块溶蚀率

序号	除垢解堵剂原液浓度（体积比）/%	垢样来源	液体用量/(mL/g)	实验温度/℃	实验时间/h	平均溶蚀率/%
1	30					70.59
2	40	××2-11 井井筒垢块	50	120	20	78.34
3	50					82.67

表 2.7 解堵液（40% 体积比）对钢片腐蚀速率结果

序号	钢片类型	实验条件	时间/h	腐蚀速率 /[g/(m²·h)]	平均腐蚀速率 /[g/(m²·h)]
1	13Cr	120 ℃、2 MPa、60 r/min	4	0.018 4	0.027 5
2				0.036 6	
3	N80	120 ℃、2 MPa、60 r/min	4	0.037 0	0.037 1
4				0.037 1	

二、作业情况

本井施工有 4 个步骤：其一，连接地面施工管线，对高压管线试压 95 MPa、稳压 5 min 至合格；其二，由于油套连通，对环空补液 48.0 m³，建立环空液柱压力，降低井口套压；其三，按解堵施工泵注程序进行施工，泵注结束后关井反应不少于 20 h，开井放喷求产；其四，施工结束后返排残液按要求处理。

其施工材料包括前置液 40 m³ 和解堵液 80 m³。

本井液体配置数据见表 2.8。

表 2.8 液体配置数据

序号	液体名称	液体配方	配制量/m³
1	解堵液	40% 除垢解堵剂原液 + 1% 助排剂 + 1% 黏土稳定剂 + 58% 清水	80
2	前置液	1% 助排剂 + 1% 黏土稳定剂 + 98% 清水	40

泵注程序及相关参数描述如下：① 试压；② 对环空补清水 48.0 m³，泵压 41.60 ~ 57.30 MPa，套压 41.40 ~ 53.5 MPa，排量 0.12 ~ 0.60 m³/min；③ 试挤前置液 20.0 m³，泵压 53.60 ~ 64.80 MPa，套压 31.30 ~ 47.20 MPa，排量 0.63 ~ 1.42 m³/min；④ 低挤解堵液 20.0 m³，泵压 49.50 ~ 54.20 MPa，套压 43.00 ~ 46.80 MPa，排量 1.42 ~ 1.44 m³/min；⑤ 低挤解堵液 60.0 m³，泵压 49.60 ~ 56.20 MPa，套压 44.20 ~ 46.20 MPa，排量 1.42 ~ 1.78 m³/min；⑥ 低挤后置液 20.0 m³，泵压 39.60 ~ 55.10 MPa，套压 38.90 ~ 45.10 MPa，排量 0.99 ~ 1.78 m³/min；⑦ 停泵测压降 15 min，泵压由 33.70 MPa 降至 24.0MPa（注入井筒总液量 120 m³，挤入地层总液量 98.9 m³）；⑧ 地面关井反应 20 h，油压 24.04 MPa 升至 31.82 MPa，套压由 25.34 MPa 升至 31.72 MPa。

本井解堵施工曲线如图 2.5 所示。

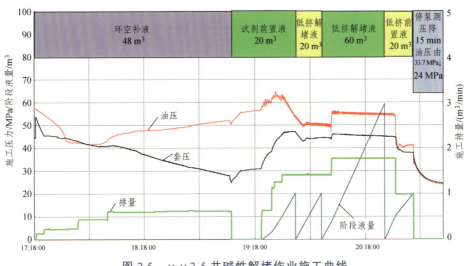

图 2.5 ××2-5 井碱性解堵作业施工曲线

三、技术总结

本井打破储层改造通常都用酸液解堵的"惯性思维",首次采用碱性解堵液实施储层改造作业。在详细研究该井垢样成分、产层吸液压力及取得大量垢样溶蚀数据的基础上,结合碱性解堵液对套管腐蚀小的特点,针对性地提出合理的控压、低排量、长浸泡以达到疏通生产通道的解堵方案,实施后与2018年酸化改造后无阻流量恢复值相近(见图2.6),井口产油产气增量相近,验证了碱性解堵液实施储层改造的可行性。此次碱性解堵液解堵应用成功为油田在提高单井采收率方面积累了新的技术储备。

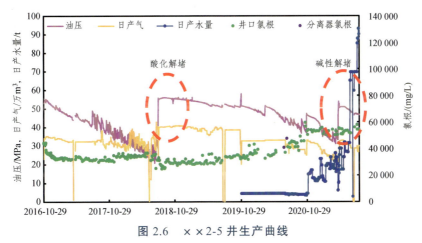

图 2.6 ××2-5 井生产曲线

四、××2 气田储层解堵系统分析

　　××2 气田重复解堵作业的采气井共有 9 口，其中 6 口井改变解堵液体系（10%CA-5 + 3%HF 替换为 9%HCl + 1%HF 或 40% 碱性解堵液）并提高解堵液用量（15 ~ 40 m³ 提高至 35 ~ 60 m³），3 口井仅提高酸液用量（30 ~ 40 m³ 提高至 40 ~ 85 m³），共作业 19 井次（见图 2.7）。重复作业通过改变体系和提高规模两种手段，措施后无阻流量恢复比例均高于 80%，最高达到 190%，大幅提高了解堵效果。

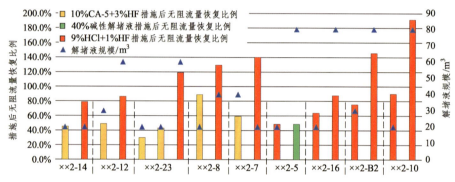

图 2.7　××2 气田 9 口采气井不同解堵措施后的无阻流量恢复比例对比

　　单次酸化作业的采气井共有 8 口，其中 3 口井采用 10%CA-5 + 3%HF 体系（规模 20 ~ 60 m³），5 口井采用 9%HCl + 1%HF 体系（规模 20 ~ 80 m³），措施后无阻流量恢复比例均高于 80%，最高达到 162%，且整体酸化效果 9%HCl + 1%HF 体系优于 10%CA-5 + 3%HF 体系（见图 2.8）。

图 2.8　8 口采气井单次酸化作业后无阻流量恢复比例对比

××2 气田井筒及近井储层主要以垢堵为主，采用 9%HCl + 1%HF 酸液体系且酸液规模控制在 60 ~ 80 m³，可显著提高改造效果、降低措施成本；碱性解堵效果略差于酸性解堵，但由于其腐蚀小的优势，更适用于环空压力异常、油套连通井的解堵作业，以减轻对环空套管的腐蚀；DI 指数法科学指导了最佳解堵时机，避免"过早无效作业，过晚增加成本"。储层解堵作业定体系、定规模、定时机的"三定"方法，科学高效地为××2 气田老井长期高产、稳产作出了突出贡献。

第三节　物理方法疏通解堵井筒技术

气井井筒堵塞的治理方法通常有两种：一种是放喷解堵，即放大生产压差，利用高压高速气体将井筒中的堵塞物排出；另一种是大修作业，即起出井内原管柱，重新下入新管柱完井。克深区块前期开展了多次放喷解堵作业，效果不太理想。而通过大修作业来治理井筒堵塞，存在工序复杂、作业周期长、成本高等问题。

近年来，连续油管在高压气井中的应用，为超深高压气井井筒解堵提供了重要的技术支撑，形成了适合该油田超深高压气井的连续油管解堵工艺。采用连续油管有针对性地进行热洗、冲砂、酸洗及钻磨等作业，可疏通管柱，达到井筒解堵的目的。现场应用表明，连续油管作业是解决超深高压气井井筒堵塞的有效手段。

案例七　××202 井连续油管疏通解堵

一、背景资料

××202 井是一口评价井。其所在的××2 气藏属于低含凝析油块状底水异常高压凝析气藏，原始地层压力为 106.22 MPa、压力系数 2.18，原始地层温度为 136 ℃、地温梯度为 2.31 ℃/100 m，属正常温度系统。

该井于 2001 年 6 月开钻，2002 年 4 月钻进至井深 5 330.00 m 完钻，完钻层位：白垩系。2002 年 5 月—9 月进行试油作业，共试油 5 层，均获工业油气流。2005 年 6 月—12 月第二次试油后下完井管柱后关井，2005 年 12 月，上提试井电缆，发现电缆多处断丝，电缆卡在防喷控制头阻流管内，无法提出，切断电缆。井下落物包括压力计 2 只、加重杆、绳帽头、扶正器和电缆。2009 年 7 月，开井投产。投产后多次出现因油嘴发生堵塞造成产量波动较大，并呈现产量下降趋势，3 次检查油嘴均发现大量电缆丝。2010 年 3 月油压发生突降，3 min 内油压由 59.11 MPa 下降至 13.41 MPa，日产气降为 6×10^4 m³ 左右，经分析判断为井下落物堵塞油管通道，自此关井未再生产。

2012 年 11 月—2013 年 2 月，对该井进行修井作业，治理隐患。下入连续油管至 2 750 m，注水泥塞，探得塞面 2 445.5 m。下入连续油管下带切割工具至 79 m，切割油管，起油管及井下安全阀，下入对扣管柱对扣成功。连续油管钻磨电缆堵塞物至 3 182.86 m，起至 1 563.76 m 遇卡，注水泥塞，候凝后起出连续油管，恢复井口。

针对该井存在问题：井筒内有落鱼（2005 年测试产生落鱼：压力计 2 只，长 0.25 m × 2 m，加重杆长 13.65 m，绳帽头 0.35 m，扶正器 0.75 m，电缆 1 749.75 m），生产管柱内预计有 330.0 m 水泥塞，未探塞面，2018 年 9 月形成对 × × 202 井的修井处理方案。方案分两个阶段实施：第一阶段，连续油管钻磨水泥塞，打通压井通道；第二阶段，钻机大修作业。

二、作业情况

连续油管疏通解堵施工过程如下：

（1）第 1 趟。连续油管射流下深至 2 623.9 m 遇阻，加压 1 t，复探 3 次遇阻位置不变，如图 2.9 所示。

图 2.9　射流入井前、后照片

（2）第 2 趟。连续油管带 ϕ56 mm 加长磨铣短节 + ϕ56 mm 铣锥钻磨 2 623.9 ~ 2 850.88 m，进尺 226.98 m，捕获水泥 3.1 cm × 1.9 cm × 0.9 cm，振动筛累计捕获水泥粉末 40.4 L，如图 2.10 和图 2.11 所示。

图 2.10 钻磨入井前照片

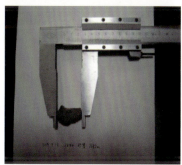

图 2.11 钻磨入井后工具和返出物

（3）第 3 趟。连续油管带 ϕ56 mm 铣锥 + ϕ56 mm 加长磨铣短节钻磨至 3 183.77 m 遇阻 10 kN，上提悬重至 310 kN 后降至 160 kN 解卡成功，累计进尺，振动筛累计捕获水泥粉末 643.5 L，如图 2.12 和图 2.13 所示。

图 2.12　铣锥钻磨入井前

图 2.13　铣锥钻磨出井后工具和返出物

（4）第 4 趟。连续油管带 ϕ56 mm 斜坡磨鞋钻磨（见图 2.14）通井至 2 761.02 m，遇阻 10 kN，连续油管加压钻磨至 2 764.25 m，无进尺。

图 2.14　斜坡磨鞋钻磨入井前后照片

（5）第 5 趟。连续油管带 ϕ56 mm 铣锥 + ϕ56 mm 磨铣加长短节钻磨在 2 860 ~ 2 873 m，2 920 ~ 2 936 m，3 118 ~ 3 128 m 遇阻：10 ~ 15 kN，上提时挂卡：50 ~ 80 kN，继续上提至 2 952.44 m 遇卡，经多次放喷和活动解卡，最大上提 35 t，解卡成功，振动筛累计捕获水泥粉末 684 L。钻磨出井工具如图 2.15 所示。

图 2.15　钻磨出井后工具

（6）第 6 趟。连续油管带切割工具下深 3 133.91 m 遇阻 2 t，复探 3 次深度不变，上提连续油管至 3 130.02 m，进行切割，判断切割未切穿；上提连续油管至 3 127.97 m，进行第 2 次切割，判断未切穿；上提连续油管至井口，检查工具，割刀刀片磨损严重，地面测试螺杆马达、割刀工作正常，锚定器无法打开（锚定块被小水泥块卡住）。本趟割刀入井前和出井后照片如图 2.16 所示。

图 2.16　第 6 趟割刀入井前和出井后照片

（7）第 7 趟。连续油管切割工具串定位于 2 833.80 m 进行切割，套压由 10.19 MPa 升至 12.31 MPa，油套联通，切割完毕，油套连通。割刀入井前及出井后照片如图 2.17 所示。

图 2.17　第 7 趟割刀入井前和出井后照片

三、技术总结

从本井的连续油管疏通作业中，总结归纳如下技术要点。

（1）连续油管的各项施工参数不能超过设备所要求的安全值，解除遇卡等事故过程中不超过极限值。

（2）若连续油管发生阻卡现象，不可盲目上提，应保证在连续油管安全拉力范围以内，通过反复上提下放并大排量循环冲洗方法解卡。

（3）工具在过井口、变扣等位置时注意防挂卡，存在变径位置处应上提下放 2～3 次，正常无挂卡后再继续下放，下入过程中应控制下放速度，遇阻加压不超过 500 kg，在没有遇阻井段可适当加快连续油管下放速度；每钻磨 20 m 后上提 30 ~ 50 m，充分循环确保碎屑被带出井筒；出管鞋作业时，每钻磨 5 m，上提 10 ~ 20 m，充分循环确保碎屑被带出井筒。

（4）连续油管在油管内存在遇卡等风险，应精细作业、缓慢推进，时刻观察各项施工参数，随时调整作业方案。

（5）作业过程禁止停泵，尽量提高环空返排速度，以防遇卡。

（6）要求记录连续油管钻磨段深度位置。

（7）连续油管冲砂过程中，根据现场情况取全取准施工参数及返出物资料，并按照迟到时间计算返出物对应的井筒深度。

（8）记录连续油管钻磨段深度位置。

（9）记录作业过程中井口压力变化情况，每 2 min 记录一次压力数据。

（10）要求回压控制不超过 25 MPa，具体要求见《××202 井连续油管钻磨水泥塞施工设计》。

（11）其余相关技术需满足 Q/SY 02082—2017《连续油管作业技术规程》要求。

（12）水泥塞下部存在大量圈闭气体，作业时应做好相应应急预案及防范措施。

案例八　××201 井采用小油管带压疏通解堵

一、背景资料

××201 井于 2001 年 6 月开钻，2002 年 6 月钻至完钻，井深 5 452.00 m。该井原始地层压力系数为 2.06 ~ 2.26，为异常高压气井。

2005 年 8 月该井在密度为 2.32 g/cm³ 的压井液中下完井管柱，用隔离液 + 有机盐（1.4 g/cm³）反替井内压井液，坐封封隔器，用 6 mm 油嘴求产，油压为 49.85 ~ 55.77 MPa，套压为 12.32 ~ 14.01 MPa，日产凝析油 30.23 m³，日产天然气 30.6 × 10⁴ m³，该井在钻完井过程累计漏失钻井液及水泥浆 629.2m³。9 月 8 日—10 月 8 日下电子压力计至 4 720 m 进行等时试压，9 月至 10 月关井测恢复，油压为 84.44 ~ 87.99 MPa，套压为 0.04 ~ 0.06 MPa，实测地温梯度 2.18 V/100 m。10 月 8 日上提电子压力计时，发现试井钢丝断井下，落鱼总长 1 301.59 m，总质量为 220 kg，其中 ϕ2.8 mm 钢丝长 1 294.00 m，质量为 62k g，ϕ38 mm 绳帽长 0.14 m，ϕ43 mm 电子压力计（3 支）长

1.25 m，质量为 10 kg，ϕ 50 mm 加重杆（2 根）长 6.20 m，质量为 148 kg。鱼顶具体位置不清楚。

2010 年 10 月该井投产，射孔段 4 780.5～4 992.5 m，日产天然气 31×10^4 m³，日产凝析油 28 t，生产过程中油压波动频繁，并呈现逐渐下降趋势，且多次在井口发现砂样，粒径大至 1 cm。截至 2015 年 11 月关井前，累产天然气 5.587×10^8 m³，累产凝析油 4.64×10^4 t。

2012 年 4 月，日产气量从 49×10^4 m³ 下降到 36×10^4 m³，油压波动现象消失，随着日产气量增大，油压再次出现波动；2014 年 10 月，日产气量从 39×10^4 m³ 下降至 32×10^4 m³，油压波动现象消失。$\times \times 201$ 井井口压力变化曲线如图 2.18 所示。

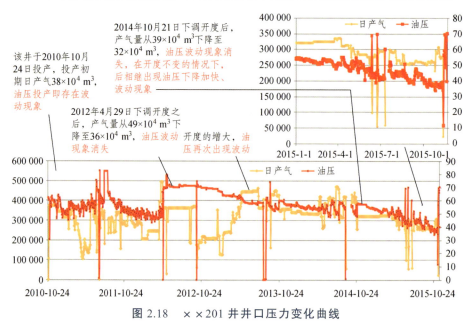

图 2.18　$\times \times 201$ 井井口压力变化曲线

2015 年 11 月，油压异常下降至集输管线压力关井，关井 56 h，井口油压从 11.5 MPa 上升至 67.62 MPa；现场尝试开井，18 min 内油压迅速下降至 46 MPa 后再次关井；第二次关井 33 h 后，从 45.5 MPa 恢复至 70.2 MPa，表明井内产出供给受阻不连续，怀疑油管堵塞。11 月 25 日，组织注液解堵，正挤清水 + 乙二醇的混合液，共挤入 6.5 m³，泵压 83 MPa，解堵失败（当日注液解堵的油压和 A 套压力见图 2.19），从解堵情况判断油管内严重堵塞。根据 3 1/2″油管内容积为 4.54 m³/km，可以初步判断堵塞面在 1 400 m 左右，堵塞物可能为砂和钢丝。

图 2.19　2015 年 11 月 25 日注液解堵

经分析判断，井下落鱼可能存在如图 2.20 所示的 4 种状态。

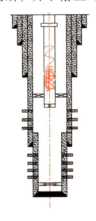

（a）工具串及钢丝全部在生产管柱内

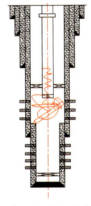

（b）工具串落入套管内卡在喇叭口处及
钢丝部分在生产管柱内

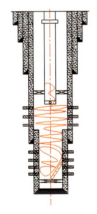

（c）工具串落入井底及钢丝部分在生产管柱内

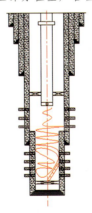

（d）工具串落入井底及钢丝全部在套管内

图 2.20　工具串及钢丝在井内可能的状态

同时，该井投产后油压即存在波动现象，并在历史生产过程中多次在井口发现砂样，2015年11月25日和27日曾对该井进行两次解堵，由于油管堵塞，挤水挤不进，未能解决堵塞问题，通过分析判断，井筒堵塞的可能原因如图2.21所示。

根据堵塞情况，优选有效的修井方案。现有的修井工艺通常为修井机作业和带压作业两类。由于油管内堵塞，且塞面较高（1 400 m左右），不具备上钻机修井条件，必须采取带压作业疏通油管，考虑到油管内可能存在钢丝，优选了小油管带压作业，原因如下：

（a）仅生产管柱被堵，堵塞物为钢丝、钢丝团及岩石块等

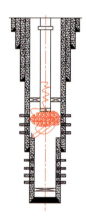

（b）仅生产管柱被堵，堵塞物为钢丝、钢丝团及岩石块等

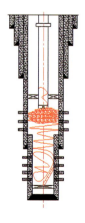

（c）仅生产管柱被堵，堵塞物为钢丝、钢丝团及岩石块等

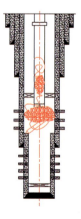

（d）油管及套管均被堵，堵塞物为钢丝、钢丝团及岩石块等

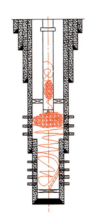

（e）油管及套管均被堵，堵塞物为钢丝、钢丝团及岩石块等

图 2.21　井内堵塞情况分析

（1）采用修井机作业无法压井：该井关井油压为 70.5 MPa，堵塞面（1 400 m）处压力为 75 MPa 左右，要平衡该点压力进行压井，需要采用密度为 5.46 g/cm^3 的压井液进行压井作业，目前无法配制这么高密度的压井液，技术上无法实现。

（2）采用连续油管抗拉强度不够：油管内存在钢丝堵塞，钢丝顶位置和堵塞情况不清楚，同时该井在 68 m 处装有井下安全阀，最小内径仅 65 mm，极有可能在打捞过程出现钢丝缠绕连续油管卡钻的情况，目前注入头最大提升负荷仅为 45 t，连续油管安全抗拉值 32 t，连续油管极有可能被卡后上提拉断，造成油管内连续油管落鱼，使井下更加复杂，无法处理（根据油田 20 多年来类似井的处理经验证明，不能用连续油管来打捞油管内的钢丝）。

二、作业情况

采用不压井设备通过磨铣、冲洗及打捞的方式带压清除井筒内的堵塞物，具体方案如下：

（1）带压下磨铣、冲洗工具串进行磨铣，如果循环冲洗和磨铣无进尺或者进尺缓慢，则起出磨铣工具串。

（2）下钢丝团套铣打捞工具串套铣打捞。

（3）下钢丝打捞工具串尝试钢丝打捞。

（4）若通过磨铣、打捞的方式将工具串上部的钢丝已清理干净，并且工具串未出生产管柱管鞋，则下专用打捞工具将工具串打捞出井口。

（5）疏通生产管柱至管鞋处（4 772 m），起作业管柱至井口，然后放喷求产，如果产量达到预期，则结束作业；如果产量未达预期，则继续向下疏通套管。

（6）带压下磨铣、冲洗工具串过生产管柱管鞋继续向下疏通井筒，直到射孔底界（4 992.5 m）以下 20~30 m，循环压井液 1.5~2 周，然后循环高黏液 2~3 m³ 潜出压井液后试生产。

具体施工情况如下：

该井带压疏通生产管柱作业施工共计 51 天，其中带压作业 32 天，带压作业辅助作业 19 天，主要工艺包括带压下循环冲洗管柱、带压下钢丝打捞工具、带压下入磨铣工具串。××201 井起下管柱共 18 趟，总计捞出钢丝 47.35 m，钻磨总进尺 489.74 m。

（1）第 1 趟。工具串组合：ϕ54 mm 喷嘴（ϕ8 mm 喷眼 + ϕ5 mm 喷眼×4）+ 54 mm 双向振击器 + ϕ54 mm 加重杆 + ϕ54mm 加速器 + ϕ54mm 循环滑套 + ϕ54 mm 液压丢手 + ϕ49 mm 双阀瓣单流阀 2 个，总长 9.87 m。下钻过程：下冲洗管柱冲洗至井深 4 113.05 m，循环密度为 1.17 g/cm³ 的修井液洗井，泵压为 84~90 MPa，排量为 0.30~0.32 m³/min，回压 24~21 MPa。冲洗过程：下冲洗管柱冲洗至井深 8 m、27.2 m、317.37 m 遇阻，遇阻加压 0.2 t，冲洗通过；下冲洗管柱至 4 108.27 m，遇阻 2 t，复探 2 次，经过多次冲洗通过；下冲洗管柱至 4 113.05 m 遇阻 2 t，上下循环冲洗无法下入，下压管柱 5 t，遇阻点不变，确定该处有坚硬物体。冲洗结果：冲洗至井深 4 113.05 m，检查除砂器滤芯返出砂砾和铁屑约 2 L（见少量细如头发的钢丝），确定 4 113.05 m 处为坚硬物体，喷嘴水眼有中度冲蚀现象，如图 2.22 所示。

图 2.22　冲洗过程中返出的砂砾、铁屑及被冲蚀的喷嘴

（2）第 2 趟。工具串组合：ϕ57 mm 螺旋捞矛 + ϕ54 mm 液压丢手 + ϕ42 mm 油管短节 + ϕ54 mm 双向振击器 + ϕ54 mm 加重杆 + ϕ54 mm 液压丢手 + ϕ49 mm 双阀瓣单流阀 2 个 + 油管 3 根 + ϕ54 mm 加速器 + 油管 1 根 + ϕ49 mm 坐落接头。下钻过程：下钢丝捞矛工具串至 3 752.75 m，上提悬重 8 t，下放悬重 5.5 t。打捞过程：遇阻加压 1.2 t，边正转边上提下放管柱至 3 756.95 m，上提悬重 8 t，下放至 5.5 t，转 10 圈，扭矩 680～800 N·m，起打捞管柱至 3 593.63 m，上提悬重 10 t，下放悬重 8.2 t，过提；起打捞管柱至 3 555.17 m，上提 10 t，正转管柱 10 圈，上提 10 t，起打捞管柱至 3 487.84 m，最大上提悬重至 22 t，正循环密度为 2.10 g/cm³ 的压井液洗井，泵压 50～59 MPa，排量为 0.15 m³/min，上下活动管柱 10 次，活动范围 0～16 t，管柱位置无明显变化；继续正循环密度为 2.10 g/cm³ 的压井液洗井，井深 3 487.84 m，泵压 10～19 MPa，排量为 0.08 m³/min，上提悬重至 16 t，快速下放悬重至 0 t，振击下击 10 次，管柱位置无明显变化，上提悬重至 21 t，振击上击 4 次，管柱位置无明显变化，上提悬重至 23 t，震击上击 1 次解卡，起出打捞管柱。打捞结果：ϕ58 mm 钢丝捞矛下部断脱（见图 2.23），落鱼长度 23 cm，壁厚 9 mm。

图 2.23　钢丝捞矛下部断脱

（3）第 3 趟。工具串组合：ϕ57 mm 钢丝内捞矛（见图 2.24）+ ϕ54 mm 液压丢手 + ϕ42 mm 油管短节 + ϕ54 mm 双向振击器 + ϕ54 mm 加重杆 + ϕ54 mm 液压丢手 + ϕ49 mm 双阀瓣单流阀 2 个 + 油管 3 根 + ϕ54 mm 加速器 + 油管 1 根 + ϕ49 mm 坐落接头。下钻过程：下钢丝内捞钩管柱至 3 476.92 m，上提悬重 6.8 t，下放悬重 5.5 t。打捞过程：遇阻加压 1 t，复探 2 次，探得鱼顶，上提管柱 5 m，下放管柱加压 1 t，反复打捞 4 次；上提管柱 6 m，正转管柱 5 圈，下放管柱加压 1 t；上提管柱 6 m，下放管柱加压 1 t；起打捞管柱至 70.95 m，上提遇卡 0.45 t，在 70.95 ~ 90 m 范围内上下活动 4 次，上提遇卡 0.8 t，通过遇卡位置，起出工具串。打捞结果：捞钩上捞获钢丝约 6 m，钢丝 0.1 ~ 0.6 m 长度不等且有轻微腐蚀，如图 2.25 所示。

图 2.24　ϕ57 mm 钢丝内捞矛

图 2.25　捞钩上捞获钢丝

（4）第 4 趟。工具串组合：ϕ57 mm 钢丝内捞矛 + ϕ54 mm 液压丢手 + ϕ42 mm 油管短节 + ϕ54 mm 双向振击器 + ϕ54 mm 加重杆 + ϕ54 mm 液压丢手 + ϕ49 mm 双阀瓣单流阀 2 个 + 油管 3 根 + ϕ54 mm 加速器 + 油管 1 根 + ϕ49 mm 坐落接头。下钻过程：下钢丝内捞钩打捞管柱至 91.98 m。打捞过程：上下活动 3 次，遇阻 0.5 t，上提至 53.53 m 悬重正常，下放至 70.03 m 遇阻 0.5 t，起出工具串检查。打捞结果：捞获多段钢丝总长度约 2 m，各段钢丝长度不等，且有轻微腐蚀，如图 2.26 所示。

图 2.26　捞获的钢丝

（5）第 5 趟。工具串组合：ϕ54 mm 钢丝外捞矛 + ϕ54 mm 液压丢手 + ϕ42 mm 油管短节 +

ϕ54 mm 双向振击器 + ϕ54 mm 加重杆 + ϕ54 mm 液压丢手 + ϕ49 mm 双阀瓣单流阀 2 个 + 油管 3 根 + ϕ54 mm 加速器 + 油管 1 根 + ϕ49 mm 坐落接头。下钻过程：第 5 根油管下入约 5 m 有遇阻显示，正常下放悬重 0.68 t，此处下放至 0，继续下放，悬重恢复正常。打捞过程：下外捞矛至 68.94 m，上提 1.13 t，下放 0.68 t，无遇阻显示，继续下放至 69.94 m，仍无遇阻显示。上提至 68.94 m，正转 3 圈，扭矩为零，然后边上提边正转，无过提显示，扭矩为零，共上提 1.5 m，共旋转 3 圈。起钻，悬重 1.13 t。打捞结果：共捞出钢丝 1.13 m（0.27 m + 0.78 m + 0.08 m），如图 2.27 所示。

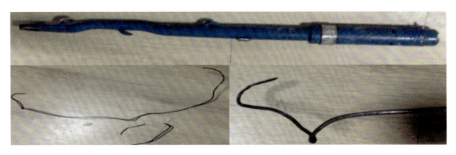

图 2.27　捞获的钢丝

（6）第 6 趟。工具串组合：ϕ57 mm 钢丝内捞矛 + ϕ54 mm 液压丢手 + ϕ42 mm 油管短节 + ϕ54 mm 双向振击器 + ϕ54 mm 加重杆 + ϕ54 mm 液压丢手 + ϕ49 mm 双阀瓣单流阀 2 个 + 油管 3 根 + ϕ54 mm 加速器 + 油管 1 根 + ϕ49 mm 坐落接头。下钻过程：下工具串至井下安全阀顶部，上提 0.91 t，下放 0.45 t。工具串遇阻，下压 0.45 t（管柱全部重量）通过。第 8 根油管全部下入，上提，工具串通过安全阀时有挂阻现象。再次下工具串过安全阀，工具串遇阻。打捞过程：下压 0.45 t 通过，接第 9 根油管下入遇阻，下压 0.45 t（管柱全部重量）通过；接第 10 根油管下完，上提 0.91 t，下放 0 t。接第 19 根油管，下放遇阻 0.23 t，起钻，过安全阀时有挂卡现象，过提 0.45 t 通过安全阀，后悬重恢复正常。打捞结果：捞获 3.6 m 钢丝，如图 2.28 所示。

图 2.28　捞获的钢丝

（7）第7趟。工具串组合：ϕ57 mm 钢丝内捞矛 + ϕ54 mm 液压丢手 + ϕ42 mm 油管短节 + 54 mm 双向振击器 + ϕ54 mm 加重杆 + ϕ54 mm 液压丢手 + ϕ49 mm 双阀瓣单流阀 2 个 + 油管 3 根 + ϕ54 mm 加速器 + 油管 1 根 + ϕ49 mm 坐落接头。下钻过程：下工具串入井至第 8 根油管方余 1.5 m 遇阻，上提悬重正常。打捞过程：下压 2.23 t，起钻，过安全阀时有挂阻现象，过安全阀后悬重恢复正常。打捞结果：捞获 3.6 m 钢丝，如图 2.29 所示。

图 2.29　捞获的钢丝

（8）第8趟。工具串组合：ϕ57 mm 钢丝内捞矛 + ϕ54 mm 液压丢手 + ϕ42 mm 油管短节 + ϕ54 mm 双向振击器 + ϕ54 mm 加重杆 + ϕ54 mm 液压丢手 + ϕ49 mm 双阀瓣单流阀 2 个 + 油管 3 根 + ϕ54 mm 加速器 + 油管 1 根 + ϕ49 mm 坐落接头。下钻过程：下工具串过安全阀无遇阻显示。下第 12 根油管方余 3 m 时遇阻。打捞过程：下压 0.45 t（管柱自身重量）通过遇阻点，悬重恢复正常。第 14 根油管方余 1.5 m 时遇阻，下压 0.68 t 通过遇阻点。第 20 根油管下完，正转 3 圈，无扭矩显示，起钻，悬重恢复正常。工具串过安全阀时无挂卡显示。打捞结果：无捞获。

（9）第9趟。工具串组合：ϕ57 mm 钢丝内捞矛 + ϕ54 mm 液压丢手 + ϕ42 mm 油管短节 + ϕ54 mm 双向振击器 + ϕ54 mm 加重杆 + ϕ54 mm 液压丢手 + ϕ49 mm 双阀瓣单流阀 2 个 + 油管 3 根 + ϕ54 mm 加速器 + 油管 1 根 + ϕ49 mm 坐落接头。下钻过程：下工具串过安全阀时无遇阻显示，下至第 23 根油管仍无遇阻显示。打捞过程：正转管柱 3 圈，扭矩为零。起钻悬重正常，工具串通过安全阀时无挂阻显示。打捞结果：捞获 3 节钢丝（见图 2.30），总长 1.2 m。

图 2.30　捞获的钢丝

（10）第 10 趟。工具串组合：ϕ57 mm 钢丝内捞矛 + ϕ54 mm 液压丢手 + ϕ42 mm 油管短节 + ϕ54 mm 双向振击器 + ϕ54 mm 加重杆 + ϕ54 mm 液压丢手 + ϕ49 mm 双阀瓣单流阀 2 个 + 油管 3 根 + ϕ54 mm 加速器 + 油管 1 根 + ϕ49 mm 坐落接头。下钻过程：下打捞管柱至 582.08 m，遇阻 0.5 t。打捞过程：遇阻 0.5 t，用管钳转打捞管柱 1 圈。打捞结果：捞获 2 m 钢丝，每段 0.1~0.4 m 不等。

（11）第 11 趟。工具串组合：ϕ57 mm 钢丝内捞矛 + ϕ54 mm 液压丢手 + ϕ42 mm 油管短节 + ϕ54 mm 双向振击器 + ϕ54 mm 加重杆 + ϕ54 mm 液压丢手 + ϕ49 mm 双阀瓣单流阀 2 个 + 油管 3 根 + ϕ54 mm 加速器 + 油管 1 根 + ϕ49 mm 坐落接头。下钻过程：下打捞管柱至 3 476.71 m。打捞过程：遇阻 2 t，上提 5 m，打捞 2 次。打捞结果：捞获 27 m 钢丝，如图 2.31 所示。

图 2.31　捞获的钢丝

（12）第 12 趟。工具串组合：ϕ57 mm 螺旋捞矛 + ϕ54 mm 液压丢手 + ϕ42 mm 油管短节 + ϕ54 mm 双向振击器 + ϕ54 mm 加重杆 + ϕ54 mm 液压丢手 + 49 mm 双阀瓣单流阀 2 个 + 油管 3 根 + ϕ54 mm 加速器 + 油管 1 根 + ϕ49 mm 坐落接头。下钻过程：下打捞管柱至 91.71 m。打捞过程：遇阻 0.5 t，起出工具串检查。打捞结果：捞获钢丝 0.15 m。

（13）第13趟。工具串组合：ϕ57 mm 钢丝内捞矛 + ϕ54 mm 液压丢手 + ϕ42 mm 油管短节 + ϕ54 mm 双向振击器 + ϕ54 mm 加重杆 + ϕ54 mm 液压丢手 + ϕ49 mm 双阀瓣单流阀 2 个 + 油管 3 根 + ϕ54 mm 加速器 + 油管 1 根 + ϕ49 mm 坐落接头。下钻过程：下打捞管柱至 283.5 m。打捞过程：无遇阻，起出工具串检查。打捞结果：捞出钢丝 0.7 m。

（14）第14趟。工具串组合：ϕ57 mm 凹面磨鞋 + ϕ54 mm 液压丢手 + ϕ42 mm 油管短节 + ϕ54 mm 双向振击器 + ϕ54 mm 加重杆 + ϕ54 mm 液压丢手 + ϕ49 mm 双阀瓣单流阀 2 个 + 油管 3 根 + ϕ54 mm 加速器 + 油管 1 根 + ϕ49 mm 坐落接头。下钻过程：下磨鞋管柱至 3 476.24 m 遇阻 0.5 t，下压 0.9 t，上提 9 m，用管钳正转 0.5 圈，下放管柱下压 0.9 t，管柱深度不变；用同样方法分别下压 1.8 t、2.7 t、3.6 t、5.5 t、6.4 t、8.6 t，对应管柱深度分别为 3 476.46 m、3 476.77 m、3 477.51 m、3 477.71 m、3 477.78 m、3 478.37 m；在 8.5 ~ 12.5 t 范围内下放 4 次，管柱深度 3 478.37 m。磨铣过程：边循环密度为 2.10 g/cm³ 的压井液钻磨，泵压为 35 MPa，排量为 0.13 ~ 0.15 m³/min，转盘转速为 10 r/min，扭矩为 690 N·m，钻压 0.5 ~ 1 t，钻磨至井深 3 479.32 m。钻磨结果：钻磨总进尺 0.95 m，凹底磨鞋底部边缘磨损成一个 ϕ40 ~ 57 mm 深 4 mm 圆槽，循环出口有少量铁屑，如图 2.32 所示。

图 2.32　捞获的钢丝

（15）第15趟，工具串组合：ϕ58 mm 三翼刮刀磨鞋（见图 2.33）+ ϕ54 mm 液压马达 + ϕ54 mm 液压丢手 + ϕ54 mm 双向振击器 + ϕ54 mm 加重杆 + ϕ54 mm 液压丢手 + ϕ49 mm 双阀瓣单流阀 2 个 + 油管 3 根 + ϕ54 mm 加速器 + 油管 1 根 + ϕ49 mm 坐落接头。下钻过程：下三翼刮刀磨鞋管柱至 3 479.32 m，遇阻 1 t，上提管柱至 3 477.32 m，替入循环液 14 m³，循环液密度为 1.17 g/cm³，漏斗黏度为 45 ~ 56 s。钻

磨过程：钻磨至井深 3 482.32 m，钻磨进尺 3 m，钻压 0.5 ~ 1 t，螺杆转速 300 ~ 400 r/min，泵压 45 ~ 50 MPa，排量 0.20 m³/min，接单根下钻冲洗至井深 3 538.14 m，每接一根单根，上下划眼 3 次，保持泵压、钻压、排量和回压不变，下钻磨管柱至井深 3 646.91 m，遇阻 1 t，钻磨至井深 3 653.51 m，钻磨进尺 6.6 m，出口见少量钢丝、铁屑及沙子，下钻磨管柱至井深 3 737.91 m 遇阻 1 t 通过，下钻磨管柱至井深 3 832.44 m 遇阻 1 t，钻磨，无进尺，起钻磨管柱至井深 3 784.39 m，再下至井深 3 832.44 m 遇阻 1 t，钻磨无进尺，起钻磨管柱至井深 3 807.12 m 遇卡 1.5 t 通过遇卡点，起至井深 3 691.9 m 遇卡 3 t，再下至井深 3 701.5 m，上提管柱通过遇卡点，起出钻磨管柱。钻磨结果：钻磨进尺 353.12 m，磨鞋底部磨损严重，如图 2.34 所示。

图 2.33　φ58 mm 三翼刮刀磨鞋

图 2.34　磨鞋底部磨损严重

（16）第 16 趟，工具串组合：φ58 mm 平底磨鞋（见图 2.35）+ φ54mm 液压丢手 + φ54 mm 双向振击器 + φ54 mm 加重杆 + φ54 mm 液压丢手 + φ49 mm 双阀瓣单流阀 2 个 + 油管 4 根 + φ49 mm 坐落接头。下钻过程：下钻磨管柱至井深 3 648.94 m 遇阻 1 t 通过，下钻磨管柱至井深 3 687.33 m，每下一根单根，10 次下压 0 ~ 3 t，控制回压 28 ~ 30 MPa；下钻磨管柱至井深 3 730.33 m，每下一根单根，上下划眼 10 次，下压 0 ~ 3 t，循环密度为 1.17 g/cm³ 的修井液，泵压 28 ~ 32 MPa，排量 0.20 m³/min，漏斗黏度 34 ~ 43 s，控制回压 28 ~ 32 MPa；上提钻磨管柱至井深 3 687 m，再下放管柱至井深 3 730.33 m，无卡阻。钻磨过程：钻磨至井深 3 730.43 m，进尺 0.1 m，钻压 0.5 t，转盘转速 50 r/min，扭矩 650 N·m，泵压 56 ~ 61 MPa，排量 0.20 m³/min，循环液密度 1.17g/cm³，漏斗黏度 34 ~ 43 s，控制回压 30 ~ 32 MPa；钻磨冲洗至井深 3 840.97 m，每下入管柱 2 m，上提管柱 9 m，钻压 0.5 ~ 1 t，上提

管柱至 3 835.82 m 遇卡 1 t，上下活动 10 次，活动范围 1～6 t，振击上击 1 次解卡，上提管柱至井深 3 802.55 m，下放管柱至 3 840.97 m，无卡阻，钻磨至井深 3 860.18 m，每下入管柱 2 m，上提管柱 9 m，出口见少量铁屑及铁丝，钻磨无进尺，井深 3 860.18 m，起出钻磨管柱。钻磨结果：钻磨进尺 211.24 m，磨鞋底部边缘磨损严重（见图 2.36），循环出口见少量铁屑及铁丝。

图 2.35 ϕ 58 mm 平底磨鞋   图 2.36 磨鞋底部边缘磨损严重

（17）第 17 趟。工具串组合：ϕ 60 mm 凹面磨鞋（水眼 ϕ 9 mm × 3 mm）+ ϕ 54 mm 液压马达 + ϕ 54 mm 液压丢手 + ϕ 54 mm 双向振击器 + ϕ 54 mm 加重杆 + ϕ 54 mm 液压丢手 + ϕ 49 mm 双阀瓣单流阀 2 个 + 油管 1 根 + ϕ 49 mm 坐落接头。下钻过程：下至井深 3 824.04 m 遇阻 1 t，泵压 59～48 MPa，排量 0.15 m³/min，替入密度为 1.17 g/cm³ 的循环液 16 m³，漏斗黏度 37～40 s，控制回压 0～29 MPa。钻磨过程：钻磨冲洗至井深 3 929.72 m，钻压 0.5～1 t，螺杆转速 300～500 r/min，泵压 55～58 MPa，排量 0.20 m³/min，循环液密度 1.17 g/cm³，漏斗黏度 37～40 s，控制回压 25～28 MPa；钻磨冲洗最深至井深 3 968.11 m，其间反复钻磨冲洗 3 699.21～3 968.11 m 井段，钻磨管柱活动至井深 3 883.25 m 遇卡阻，上提下放活动管柱，活动范围 40～240 kN（原悬重 120 kN），多次振击下击解卡无效，采取泡酸解卡措施，利用不同浓度的冰醋酸进行腐蚀钢丝解卡效果不明显后，通过带压作业设备转盘旋转解卡，管柱解卡成功，起出检查。钻磨结果：振击器冲程芯轴上下两端台阶磨损严重，螺杆钻具抽筒，转子 2.215 m + 下轴承 0.085 m + 传动头 0.105 m + 凹面磨鞋 0.24 m 落井，落鱼总长 2.645 m；工具串和小油管腐蚀严重，除砂器有少量钢丝和铁屑，如图 2.37 所示。

图 2.37　除砂器中少量的钢丝和铁屑

（18）第 18 趟。工具串组合：ϕ60 mm 凹面磨鞋（水眼ϕ9mm×3，见图 2.38）+ 变扣短节 + ϕ49 mm 双阀瓣单流阀 2 个 + 油管 1 根 + ϕ49 mm 坐落接头。下钻过程：带压下入工具串及 1.66″ 油管至井深 3 876.49 m，遇阻 5 kN，复探 3 次，同一位置遇阻 5 kN，上提管柱至井深 3 863.28 m，悬重正常（120 kN）。替液过程：组织密度为 1.4 g/cm^3 的有机盐液 28 m^3，向油管内泵入隔离液 1 m^3，漏斗黏度 33～35 s，有机盐液正洗井至进出口液性能一致，泵压 55～60 MPa，排量 0.20 m^3/min，井深 3 863.28 m，循环 1 周，带压起出磨铣管柱，检查磨鞋完好，更换喷嘴工具串，冲洗采气树井口及压井节流管汇。带压修井作业结束。

图 2.38　ϕ60 mm 凹面磨鞋及喷嘴工具串

三、技术总结

××201 井因油压下降异常而关井，两次解堵未能解决问题，通过该次小油管带压作业，清除了井内多处水合物及其他杂质（铁锈、地层砂等）堵塞，清除了井深 3 876.49 m 以上的钢丝。本次小油管带压作业虽然未能达到直接恢复投产的最终目的，但经过该次作业彻底疏通 3 876.49 m 以上的生产管柱，为压井大修作业创造了前提条件，达到阶段性作业的目的。本井技术总结有如下几点。

（1）该井生产油管内径为 76 mm，但生产管柱上的井下安全阀（深度 70.85 m）处存在缩径，仅为 65 mm，该缩径的存在极大地限制了井下作业工具的尺寸，为确保井下工具能顺利下入、起出通过井下安全阀，井下工具外径最大只能做到 60 mm，与油管内径相差 16 mm，而钢丝外径为 2.8 mm，作业过程中磨鞋和打捞工具很容易穿过生产油管内的钢丝而发生卡钻。同时，打捞钢丝的过程中，如果所捞到的钢丝过多，则不能通过井下安全阀，强行过井下安全阀会造成井下安全阀的永久性损坏。打捞过程中如果捞到的钢丝较多，在井下安全阀处有卡阻现象，只能通过上、下活动管柱，甩掉部分已捞到的钢丝，或者通过钢丝与油管内壁的反复摩擦将钢丝磨断。这样，一方面严重限制钢丝的打捞效率，另一方面则是由于钢丝碎断，进一步增加了后期作业的难度。

（2）落井钢丝为普通碳钢材质，在井内已有 11 年。而 ××201 井产水，且所产天然气含 1%~3% 的二氧化碳，井下为高腐蚀环境，正常情况下钢丝应已严重腐蚀，变得很脆。但通过打捞出井的钢丝来看，钢丝并未严重腐蚀，且强度大，钢丝上存在不连续的点蚀（点蚀深 0.2~1.1 mm），平均单位长度范围内点蚀率约 9%（即 1 m 范围内存在 9 个不连续、非均匀分布的点蚀），存在点蚀的地方可以较为轻松地折断。钢丝的这种特点，使得其难以被压实然后实施磨铣；磨铣未压实的钢丝时，未成团的钢丝会在钻压的作用下下移；磨铣成团的钢丝时，由于钢丝的特点，钻头打滑，最终由于磨鞋与生产油管内壁间隙大，使得磨鞋不能将其下方的钢丝全部磨掉形成进尺，而是在钢丝团中间挤出一个通道，使磨鞋最终穿过钢丝团而发生卡钻。另外，磨断的钢丝弯曲变形，而且尺寸较大，在 1.66″ 作业管柱和生产管柱之间的环空阻力太大，绝大部分不能被循环液携带出井口，磨断的钢丝或者下沉，或者留在作业管柱与生产管柱的环空而堆积，到一定程度后造成卡钻。而由于钢丝上存在较为严重的点蚀，容易在点蚀处断裂，因而每次打捞所获钢丝都比较少。再有就是由于钢丝强度较大，很容易在井下安全阀处造成卡阻。因而，常规用于处理钢丝的工艺均难以对 ××201 井落井钢丝进行有效的处理。

（3）在第 17 趟钻实施钢丝处理的过程中，钻磨管柱活动至井深 3 883.25 m 时，钻头穿过钢丝团造成卡钻，由于钢丝缠绕工具串的情况非常严重，反复多次活动钻具，多次振击下击解卡无效后，采取注酸解卡措施，采用不同浓度的冰醋酸进行腐蚀钢丝解卡后效果不明显，最后通过带压作业设备转盘旋转解卡，管柱成功解卡，起出钻具后检查，发现井下螺杆钻具转子（见图 2.39）及磨鞋落井。由于生产管柱尺寸的限制、落井工具依然被钢丝团卡住，以及井下螺杆钻具转子无法打捞和钻磨的特点，使得带压作业难度极大。

图 2.39 落井的井下螺杆钻具转子

（4）正常情况下，断脱的钢丝在油管内应该是紧贴油管内壁呈螺旋状，而经该井后续作业起出原井管柱后发现，钢丝在油管内形成一缕一缕的规则分布，如图 2.40 所示。

图 2.40 油管内断脱的钢丝

（5）现场利用小油管打捞时卡钻，多次活动解卡无效，决定采用泡酸解卡的方式进行解卡，现场通过利用不同的水质、不同浓度的冰醋酸进行实验（见图 2.41），最后发现用弱碱性水配制 35% 质量浓度的冰醋酸进行解卡，效果最佳。小油管的转速、钻压在开展钻磨钢丝等作业时，无法满足施工要求，同时井下安全阀缩径的存在使卡钻风险增大。

××201 井不同浓度冰醋酸浸泡钢丝和小油管试验记录							
开始浸泡时间	2016 年 10 月 16 日 20:30		记录时间	2016 年 10 月 17 日 08:30			
浸泡耗时	12 h						
浸泡温度	91 ℃						
冰醋酸浓度	钢丝原始直径/mm	钢丝浸泡后直径/mm	钢丝腐蚀速率	小油管原始壁厚/mm	小油管浸泡后壁厚/mm	小油管腐蚀速率	
20%	2.8	2.08	25.71%	5	4.94	1.20%	
30%	2.8	1.92	31.43%				
35%	2.8	1.86	33.57%	5	4.8	4.00%	
40%	2.8	2.18	22.14%				
50%	2.8	2.34	16.43%				
60%	2.8	2.36	15.71%				
70%	2.8	2.42	13.57%				
100%	2.8	2.78	0.71%				
开始浸泡时间	2016 年 10 月 16 日 20:30		记录时间	2016 年 10 月 17 日 14:30			
浸泡耗时	18 h						
浸泡温度	91 ℃						
冰醋酸浓度	钢丝原始直径/mm	钢丝浸泡后直径/mm	钢丝腐蚀速率	小油管原始壁厚/mm	小油管浸泡后壁厚/mm	小油管腐蚀速率	
20%	2.8	1.86	33.57%	5	4.87	2.60%	
30%	2.8	1.6	42.86%				
35%	2.8	1.54	45.00%	5	4.73	5.40%	
40%	2.8	1.67	40.38%				
50%	2.8	1.77	36.79%				
60%	2.8	1.94	30.71%				
70%	2.8	2.12	24.29%				
100%	2.8	2.72	2.86%	5	4.86	2.80%	

图 2.41 冰醋酸浸泡钢丝和小油管试验

（6）落井钢丝属于不防硫的普通钢丝，推测 10 年时间应该会发生腐蚀，而从实际打捞的钢丝情况来看，钢丝基本未发生明显腐蚀痕迹。

（7）在××201 井带压作业过程中，由于钢丝本身强度高，打捞的钢丝在起钻过程中与油管内壁发生摩擦，钢丝断头也对油管内壁进行刮削。同时，钻磨过程中，钢丝团旋转也与油管内壁发生摩擦，造成油管损伤。

（8）小油管带压作业，虽然其提升力和强度较大，但对于打捞钢丝作业，很难及时发现鱼头。本次作业第 1 趟打捞作业就是因没及时发现鱼头，导致过鱼头太多，将大量钢丝提到一起而无法上提，最终导致打捞工具断入井中造成进一步井下复杂。

（9）最后替入无固相液体，为后期作业创造有利条件。

第四节　物理化学方法联用疏通解堵井筒技术

当井内堵塞为出砂、管柱有变形可能，并且存在结垢物时，针对油管内砂堵的实际情况，采取连续油管加喷洗头的冲砂措施能有效地清除油管内堵塞砂，而对于管壁结垢的问题，从保护油管的角度出发，配合酸化措施，能有效地解除垢堵塞；因此，采用连续油管砂堵塞＋酸化技术清除油管内垢的物理化学方法联用疏通解堵井筒技术，可有效解决砂堵和垢堵同时存在的井，为以后该区块甚至整个油田高压气井中，有类似井况的气井的隐患治理提供借鉴和指导。

案例九　××2-5 井采用连续油管疏通联合酸化解堵

一、背景资料

××2-5 井是一口开发井，其所在的××2 气田地层压力为 85.88 MPa，折算压力系数为 1.73，该井于 2009 年 6 月 29 日投产，投产初期油压 84.23 MPa，日产凝析油 41 t，日产天然气 54.7×10^4 m³。

2010 年 1 月油压开始下降，4 月油压下降到 70 MPa 左右，8 月关井检修开井后油压在 68 天内出现过 3 次剧烈波动并降至 53 MPa。该井完井选用负压不丢枪一次射孔完井，封隔器与射孔枪之间采用 2 根φ88.9 mm×6.45 mm 打孔筛管作为生产通道，初步判断井口油压剧烈波动降低是由于生产筛管堵塞造成的。2010 年 10 月，对油管进行穿孔作业（穿孔井段 4 716.05 ~ 4 718.08 m），作业后油压恢复到 78 MPa，作业初期效果显著，但仅维持 2 个月后，油压又开始波动，详细情况如图 2.42 所示。2011 年 4 月，油压开始急剧下降，并降至穿孔前状态，6 月装置检修后开井，油压持续剧烈波动。

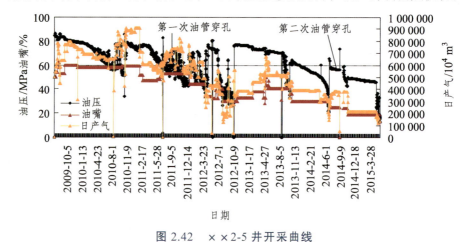

图 2.42   × ×2-5 井开采曲线

2012 年 9 月 28 日油压降至 26.17MPa。2012 年 9 月 29 日—10 月 1 日，再次对该井封隔器以下的油管进行穿孔作业（穿孔井段 4 695 ~ 4 699 m、4 700 ~ 4 704 m、4 706 ~ 4 710 m），穿孔弹孔密 13 孔/m，孔径 10 mm，穿孔后油压由 26.5 MPa 升至 76.7 MPa，并在较长一段时间内（11 个月）保持稳定。2013 年 8 月 16 日停产检修后开井，油压再次剧烈波动并快速下降，6 月 1 日油压出现拐点、降幅增大、产量持续降低，6 月 24 日油压降至 21 MPa 且大幅活动油嘴后油压突升至 65.6 MPa，11 月 7 日拆卸井口取样阀门发现其被砂堵死。井口取出的砂样如图 2.43 所示。

图 2.43   井口取样阀门处砂样

2015 年 4 月，关井检修油嘴后，油压从 46.15 MPa 降至 25.18 MPa，活动油嘴效果较差，随后至 5 月 26 日油压降至 15.36 MPa 关井，从放喷火焰估算该井产量（7~10）× 10^4 m^3/d，8 月尝试开井，但由于油压快速降落未能正常生产。

2016 年 3 月，对该井进行静温静压梯度测试时，采用 ϕ42 mm 通井导锥通井，在 3 627 m 处遇阻无法下入，结合该井前期情况，判断油管内可能存在沉砂堵塞，决定采用连续油管进行冲砂作业。考虑到该井生产管柱堵塞严重，无法正常生产，直接采用大修作业的措施存在压井困难问题，根据现有修井工艺，结合该井生产管柱完整性及井内沉砂情况分析，决定在利用密度为 1.09 g/cm^3 的压井液半压井后，采用连续油管带解堵工具头循环冲砂解堵，清除减振器（4 751.19 m）以上管柱内的堵塞物。

二、作业情况

本井选择采用厚壁、高钢级的 2″×6 588 m HS110 变径连续油管进行作业（δ0.224″×793.00 m + δ0.204″×879.93 m + δ0.190″×931.78 + δ0.175″×3 981.70 m），连续油管解堵工具串包括：2″连续油管 + 连续油管连接器 + 变扣变径转接头 + 马达头总成 + 单流阀 + 冲砂工具头。

为满足施工要求，现场配冲砂液 100 m^3（密度为 1.09 g/cm^3，黏度为 66 MPa·s），备密度为 1.88 g/cm^3 的高密度压井液 50 m^3、乙二醇 20 t，安装塔架、液罐、连续油管在线检测仪、地面流程、泵注设备、压井管汇，试压 80 MPa，测试摩阻及油嘴。现场作业设备摆放如图 2.44 所示。

图 2.44　施工现场

具体施工过程如下：

（1）第 1 趟。

组下工具串：单流阀（ϕ 54 mm × 272 mm）+ 冲洗头（ϕ 54 mm × 180 mm），如图 2.45 所示。冲洗头参数见表 2.9。

连续油管冲洗解堵工具串		
连续油管接头		
外径/mm	内径/mm	长度/m
54	20	0.08
双瓣式单流阀		
外径/mm	内径/mm	长度/m
54	25	0.45
冲洗头		
外径/mm	内径/mm	长度/m
54		0.16
总长：		0.69 m

图 2.45　冲洗头及工具串详细数据

表 2.9　强力冲洗头参数

水眼 6 mm×4 mm	排量/(L/min)	压降/MPa
	200	27
	250	42
	3 000	63

过程及结果：开井，起下连续油管测试防喷盒气密封性能，用 7 mm 油嘴开井放压，开井油压 67.087 MPa，套压 39.393 MPa。下带强力冲洗头的连续油管在 3 627 m 遇阻 1 t，循环冲砂至 3 730 m，累计进尺 118 m，最大泵压 65.5 MPa，排量 0.2 ~ 0.36 m³/min，累计循环冲砂液 279 m³，累计除砂（细砂、粉砂、结垢）32.5 L，如图 2.46 所示。

图 2.46　循环冲砂返出的为细砂、粉砂、结垢

（2）第 2 趟。

由于长时间冲洗无进尺、无砂返出，改钻磨工艺，冲砂液经多次循环后无法满足携砂要求，液体含较多固相颗粒物，决定重新配制钻磨液 100 m^3。组下钻磨工具串（见图 2.47）：单流阀（$\phi 54 \text{ mm} \times 272 \text{ mm}$）＋液压丢手（$\phi 54 \text{ mm} \times 410 \text{ mm}$）＋螺杆马达（$\phi 54 \text{ mm} \times 2\,830 \text{ mm}$，见图 2.48，参数见表 2.10）＋平底磨鞋（$\phi 58 \text{ mm} \times 265 \text{ mm}$，见图 2.49）。

连续油管钻磨解堵工具串		
连续油管接头		
外径/mm	内径/mm	长度/m
54	20	0.08
双瓣式单流阀		
外径/mm	内径/mm	长度/m
54	25	0.45
液压丢手		
外径/mm	内径/mm	长度/m
54	10	0.48
螺杆马达		
外径/mm	内径/mm	长度/m
54	/	2.9
磨鞋		
外径/mm	内径/mm	长度/m
58		0.16
总长：		4.07 m

图 2.47　连续油管工具串示意图

图 2.48　螺杆马达

表 2.10　螺杆马达参数表

规格	长度/m	外径/mm	排量/(L/min)	扭矩/(N·m)	转速/(r/min)	温度/℃	使用寿命/h
54 mm	2.24	54	80～190	300～430	260～640	175	40～60

图 2.49　平底磨鞋

过程及结果：连续油管遇阻位置 3 068 m，钻磨至 3 737 m，钻磨泵压 52～58 MPa，钻压 300～500 kgf（1 kgf≈10 N），排量 0.18 m³/min，循环冲砂液 190.5 m³，除砂 11.5 L。

（3）第 3 趟。

组下钻磨工具串：单流阀（ϕ54 mm×272 mm）＋液压丢手（ϕ54 mm×410 mm）＋螺杆马达（ϕ54 mm×2 830 mm）＋PDC 磨鞋（ϕ58 mm×230 mm，见图 2.50）。

过程及结果：连续油管遇阻位置 3 733 m，钻磨至 3 734 m，钻磨泵压 54～58 MPa，钻压 300～500 kgf，排量 0.18 m³/min，循环冲砂液 97 m³，无砂返出。

图 2.50　钻磨工具

（4）第 4 趟。

组下钻磨工具串：单流阀（ϕ54 mm × 272 mm）＋液压丢手（ϕ54 mm × 410 mm）＋扶正器（ϕ54 mm × 770 mm，见图 2.51）＋加重杆（ϕ54 mm × 910 mm）＋扶正器（ϕ54 mm × 770 mm）＋螺杆马达（ϕ54 mm × 2 830 mm）＋三刀翼磨鞋（ϕ58 mm × 200 mm）。

图 2.51　钻磨工具及扶正器

过程及结果：连续油管遇阻位置 3 729 m，钻磨至 3 738 m，钻磨泵压 51～55 MPa，钻压 300～500 kgf，排量 0.18 m³/min，循环冲砂液 124 m³，除砂 1.5 L。

连续油管起至井口，发现工具从丢手位置处断裂落井，如图 2.52 所示，落鱼尺寸：ϕ54 mm 丢手接头下部 0.12 m＋上扶正器 0.77 m＋ϕ54 mm 加长杆 0.91 m＋下扶正器 0.77 m＋ϕ54 mm 螺杆马达 2.83 m＋ϕ58 mm 磨鞋 0.2 m，总长 5.6 m。

图 2.52　丢手断脱处

（5）第5趟。

组下打捞工具串：马达头总成（ϕ54 mm × 745 mm）＋扶正器（ϕ54 mm × 595 mm）＋开窗捞筒（ϕ63 mm × 760 mm，见图2.53）。

图2.53　开窗捞筒

过程及结果：连续油管在3 725.77 m位置处遇阻1.5 t，后上提连续油管，悬重较正常增加500 kgf，判断为捕获到落鱼，后上提油管至井口，检查捞筒痕迹，有入鱼迹象，怀疑井筒沉砂导致鱼头进入捞筒深度不够，导致打捞失败，下一步下冲洗头冲洗鱼顶。

（6）第6趟。

组下冲洗工具串：单流阀（ϕ54 mm × 272 mm）＋变扣（ϕ54 mm × 122 mm）＋冲洗头（ϕ43 mm × 127 mm，见图2.54）。

过程及结果：连续油管循环冲砂至3 997 m，泵压49 MPa，排量0.3 m³/min，循环冲砂液153 m³，除砂2 L，如图2.55所示。

图2.54　强力冲洗头及冲砂过程返出物

图2.55　冲砂过程返出物

（7）第 7 趟。

组下打捞工具串：马达头总成（ϕ54 mm×744 mm）+ 螺杆马达（ϕ54 mm×2 860 mm）+ 双公短节（ϕ54 mm×60 mm）+ 开窗捞筒（ϕ63 mm×840 mm）。

过程及结果：连续油管下深 3 732 m 遇阻 1.5 t，上提下放不能通过，后开始上提，至井口检查无落鱼，其间循环冲砂液 97 m³，除砂 1 L。

（8）第 8 趟。

组下钻磨工具串：马达头总成（ϕ54 mm×744 mm）+ 螺杆马达（ϕ54 mm×3 125 mm）+ 三刀翼磨鞋（ϕ62 mm×175 mm）。

过程及结果：连续油管钻磨冲砂至 3 730 m 处，钻压 300～500 kgf（1 kgf≈9.8 N），排量 0.18 m³/min，泵压 47～50 MPa，循环冲砂液 129 m³，无砂返出。

（9）第 9 趟。

配冲砂液 100 m³，其组下冲洗工具串为：单流阀（ϕ54 mm×272 mm）+ 变扣接头（ϕ54 mm×122 mm）+ 冲洗头（ϕ43 mm×127 mm）。

过程及结果：连续油管下深 3 998 m，开泵泵注 10 m³ 除垢剂，进行除垢剂作业，处理层段 3 500～4 741 m。

（10）第 10 趟。

组下冲洗工具串：马达头总成（ϕ54 mm×744 mm）+ 变扣接头（ϕ54 mm×122 mm）+ 冲洗头（ϕ43 mm×127 mm）。

过程及结果：连续油管循环冲砂至 4 687 m，泵压 42～50 MPa，排量 0.18～0.32 m³/min，循环冲砂液 156 m³，除砂 1 L。

（11）第 11 趟。

钻磨工具串：马达头总成（ϕ54 mm×744 mm）+ 螺杆马达（ϕ54 mm×3 120 mm）+ 三刀翼磨鞋（ϕ62 mm×170 mm）。

过程及结果：连续油管最大下深 4 687 m，钻压 300～500 kgf，排量 0.18～0.21 m³/min，泵压 39～50 MPa，循环冲砂液 264 m³，除砂 0.9 L，如图 2.56 所示。

（12）第 12 趟。

组下打捞工具串：马达头总成（ϕ54 mm×744 mm）+ 开窗捞筒（ϕ63 mm×840 mm）。

过程及结果：连续油管最大下深 3 738 m，加压 3 t 不能通过，上提油管至井口，拆设备。

图 2.56　返出的砂粒

疏通结束后用 7 mm 油嘴放喷求产，油压 50.928 ~ 51.018 MPa，套压 52.712 ~ 52.747 MPa，产油 5.71 m³，折日产油 34.16 m³，产气 53 569 m³，折日产气 321 414 m³，作业结束。

三、技术总结

1．设备设施应用方面

本次双联防喷器、防喷盒、注入头塔架应用效果良好（图 2.57 为现场应用），保证了井控和吊装的安全。在开井时，利用开井压力测试防喷盒的气密封性能，效果良好，作业过程中井口压力在 26 ~ 67 MPa，井口密封没发生任何问题，为以后类似的作业提供了很好的参考。作业过程中每起下一趟更换一套防喷盒胶芯，共换了 12 副，有效地保障了井口安全。

图 2.57　设备现场应用

施工前认为井内堵塞为出砂、管柱有变形可能，确定施工步骤为"冲洗＋钻磨＋打铅印"，作业后发现，冲洗带出一些细砂及结垢物，且无进尺，更改成钻磨作业。

钻磨过程中，该井第 1 趟钻在 3 068 m 处遇阻，钻至 3 737 m；第二趟钻在 3 733 m 处遇阻，钻至 3 734 m，使用的螺杆马达起出后均不转，一共返出砂 11.5 L，因钻进无进尺，反排无出砂、起出后磨鞋无磨损，无法判断螺杆马达在遇阻后的工作状态及井下情况，现场认为螺杆马达质量有问题，且根据返出物中有铁丝碎屑，判断有偏磨。

该井第 3 趟钻磨使用了扶正器进行扶正后钻磨，遇阻位置 3 729 m，钻磨至 3 738 m，出砂 1.5 L，无进尺后起出钻具发现丢手下部工具串落井，丢手断的原因是该工具结构设计和质量存在问题。

工具落井后加工打捞工具，丢手外径 54 mm，井下安全阀内径 65 mm，无现成的打捞工具，只能临时现加工，加工设计考虑了螺旋打捞筒、卡瓦打捞筒，但因为结构限制无法实现，后加工了 2 套外径为 63 mm 的开窗捞筒工具，在基地测试时效果良好。打捞过程下至 3 725 m 位置遇阻，加压打捞后起出，未捞获落鱼。判断鱼头可能被砂埋，冲洗鱼头后仍未捞获，结合整个过程分析，认为落鱼已经掉至管柱底部，打捞筒无法通过。

通过组下 54 mm 的单流阀和变扣＋43 mm 冲洗头冲洗到 3 997 m，遇阻无进尺，起钻后，组下捞筒下至 3 732 m 遇阻 1.5 t 无法通过，分析验证该井管柱此位置可能存在结垢或者变形，鉴于前期作业冲出大量垢，认为油管内壁有结垢可能性大，决定再次下钻磨工具进行验证。更换、组下外径为 62 mm 的磨鞋进行钻磨，下至 3 730 m，钻磨无进尺，考虑到磨鞋损伤油管的可能性较大，决定停止钻磨作业，起钻后进行酸化除垢作业。

根据结垢的酸泡实验结果，选择合适的酸液进行溶蚀，共注入 8 m³ 酸液（15% 盐酸＋2% 的缓蚀剂＋1.5% 铁离子稳定剂），注完酸液后组下外径为 43 mm 的冲洗头进行冲砂作业，成功冲洗到 4 687 m 位置，其间在 3 737 m、3 997 m 位置有遇阻，冲洗后通过，未到 4 751 m，验证酸泡效果良好。决定再组下一趟钻磨管柱带外径为 62 mm 的磨鞋钻磨冲砂，顺利钻磨冲砂至 4 687 m 位置，作业结束。

2．关键技术认识方面

针对油管内砂堵（见图 2.58）的实际情况，采取连续油管加喷洗头的冲砂措施能有效地清除油管内堵塞砂，而对于管壁结垢的问题（见图 2.59），从保护油管的角度出发，配合酸化措施，能有效地解除垢堵塞。本井是所在区块第一口使用"连续油管+酸化技术"清除油管内垢、砂堵塞的井，可为以后该区块甚至整个油田高压气井中，有类似井况的气井的隐患治理提供借鉴和指导。

图 2.58　造成油管砂堵的砂样　　　　　　图 2.59　造成油管垢堵的垢样

第三章　高压气井大修复杂处理技术

塔里木油田库车山前高压气井大修井处理的复杂情况主要包括套管找漏堵漏、油管断裂、油管埋卡、封隔器抽芯、尾管埋卡、套管变形、射孔枪工具串落井等。本章通过典型案例主要介绍了套管找漏堵漏、小井眼打捞射孔枪以及油管、绳缆、钢丝打捞等复杂处理技术[16]。

第一节　高压气井套管找漏堵漏技术

国内套管破损后找漏技术主要包括井下作业找漏技术和测井找漏技术，包括打铅印、工程测井、套管试压找漏、负压找漏等。受深井高压、高温、高矿化度及完井管柱结构的影响，电磁探伤测井等常规的找漏技术难以广泛使用。并且在高压气井中，气体往往只需要很小的间隙就可以发生窜漏，如套管螺纹、裂缝、悬挂器密封等。而高压气井修井前需要进行压井，高密度压井液容易堵塞间隙，从而导致正、反找漏都无法找出漏点[17]。

油套管泄漏或套管环空窜漏检测是油气井井完整性管理中的重要环节。大多数泄漏刚开始时是少量的，随着时间推移泄漏会加剧。在泄漏发展的早期，定位泄漏点可以降低补救成本。常规的测漏点技术，如多臂井径测井、电磁探伤测井、转子流量计、梯度井温测井、井下照相机、热中子衰减测井和噪声测井等，很难检测出非常小的井筒泄漏。因为小的泄漏引起的井筒泄漏点周缘温度、压力、流速等特性改变较小，往往低于流体温度、流量、压力类测井仪器的分辨率。常规噪声测井只能在定点测量模式下检测泄漏点液体或气体产生的声频段声波能量，因受远处其他噪声源影响，存在测井解释多解性[18]。

因此，目前有效的做法是重新下入可靠的完井管柱，建立第一级安全屏障，将可能出现的较大漏点暴露在封隔器一下，保障环空压力处于一个正常范围，以保证后续工作的开展。

案例十 ××2-22 井套管找漏堵漏

一、背景资料

　　××2-22 井是××凝析气田的一口开发井，于 2009 年 6 月 6 日完钻，完钻井深为 5 242 m，投产井段 4 894.5～5 209.0 m（126.5 m/20 段）。该井为异常高压气井，预测地层压力 88.19 MPa，折算压力系数为 1.84。

　　该井油套串通，套管存在漏点，且出砂严重。根据 A 环空补压情况，初步判断油管存在较大漏点，甚至断脱，预计漏点深度在 3 600 m 左右。A 环空、C 环空压力相关性明显，且油压、A 环空、C 环空压力基本一致，C 环空在压井过程中放出压井液（污水），证实 A 环空与 C 环空沟通性良好。根据 C 环空压力的变化情况（液位在漏点处及以上时，能控制气体往 C 环空窜漏；液位下降到漏点以下时，C 环空压力开始迅速上升），判断 C 环空漏点在 A 环空中下部（见图 3.1）。结合现场挤压井情况及压力变化情况，得出如下结论：A 环空压力来源是因生产管柱存在漏点；B、C 环空压力异常是由 A 环空压力异常引起，通过修井作业可以切断 A 环空压力来源；该井处于高危险状态，需通过修井作业恢复安全生产。

　　经过讨论，形成以下治理原则：其一，对套管进行找漏、封窜作业；其二，更换油管柱，消除安全隐患；其三，对起出的原井油管进行取样、分析及评价。

　　对套管进行找漏、堵漏前，共有 5 个关键工序：① 用 1.95 g/m³ 的泥浆挤压井；② 下入切割弹从封隔器上部油管切割，循环压井；③ 起油管，对起出油管进行全面检查；④ 磨铣、打捞封隔器及射孔枪；⑤ 下桥塞并打水泥塞暂时封堵射孔段。

　　其中，起甩原井油管时，检查发现第 441 根油管断裂，断口距离接箍 0.53 m，计算井深 4 272.3 m，断油管（见图 3.2）内外壁结垢严重，硬度很高。在一趟打捞结束，检查发现：捞获 3 1/2″油管 16 根，最后一根油管带母节箍，捞获出的鱼头为不规则油管断裂口（见图 3.3），管体内壁结垢较多。

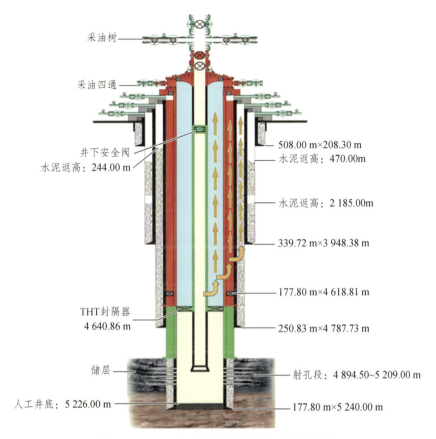

采油树

采油四通

井下安全阀
水泥返高：244.00 m

508.00 m×208.30 m
水泥返高：470.00m

水泥返高：2 185.00m

339.72 m×3 948.38 m

177.80 m×4 618.81 m

THT封隔器
4 640.86 m

250.83 m×4 787.73 m

储层

射孔段：4 894.50~5 209.00 m

人工井底：5 226.00 m

177.80 m×5 240.00 m

图 3.1　××2-22 井各级环空压力来源示意图

图 3.2　断油管

图 3.3　不规则油管断裂口

二、作业情况

本次找漏堵漏作业的施工难点：A 环空至 C 环空的找漏、堵漏困难。其中：① A 环空窜漏至 C 环空漏点大小、深度不明确；② 堵剂选择困难。

针对该施工难点，提出如下解决措施：测试套管质量，利用测试管柱进行正、负压找漏。具体包括：① 下桥塞并打水泥塞暂时封堵射孔段；② 使用测井仪器测套管质量；③ 对 7″套管进行正压、负压分段找漏。

1．测井仪找漏

（1）四十臂测井仪测套管质量。

下四十臂测井仪至井深 4 800 m，多臂井径臂值为零，无信号，CCL、GR 正常。

（2）RBT 测井仪测固井质量。

下 RBT 测井仪，测井井段 4 896～4 610 m，2 530 m～井口，现场解释结果：4 896～4 621 m 胶结好，4 621～4 610 m 胶结差，2 550 m～井口胶结中等。

（3）六十臂测井仪测套管质量。

管柱组合（自下而上）：ϕ73 mm 平式油管×50 根 + ϕ88.9 mm 钻杆。

测井井段：4 895 m～井口，现场解释结果：7″套管井段 4 622.7～4 622.9 m，存在环形腐蚀扩径，最大值 190 mm，无法判断是否存在漏失；井段 4 605.4～4 507 m 存在环形腐蚀扩径，最大值 160 mm；其他井段套管良好，解释为一般腐蚀。

（4）电磁探伤测井。

解释结果：7″套管发生纵向损伤（垂直于井眼），33 处套管均存在破损可能。其中，5 处较严重：2 010.6～2 035.2 m（最薄处壁厚只剩约 4.6 mm）、2 062.5～2 067.2 m（最薄处壁厚只剩约 5.8 mm）、2 072.7～2 079.5 m（最薄处壁厚只剩约 5.2 mm）、4 267.0～4 297.0 m（最薄处约 6 mm）、4 320.1～4 328.2 m（最薄处约 5 mm）。

2．下封隔器套管正压找漏、验漏

打水泥塞（塞面 4 650 m，见图 3.4）封堵产层并验封合格。

（1）第一次找漏、验漏。

坐封 7″ RTTS 封隔器于 4 605.08 m，连接水泥车管线试压 40 MPa，稳压 30 min 压力不降，合格。水泥车正打压 30 MPa，泵入压井液 0.15 m³，稳压 30 min 不降，泄压返吐压井液 0.15 m³。结论：4 605.08 m 以下套管无漏点。

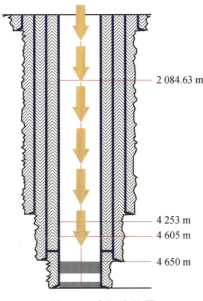

2 084.63 m

4 253 m
4 605 m
4 650 m

图 3.4　水泥塞位置

（2）第二次找漏、验漏。

上提封隔器解封，起钻坐封 7″ RTTS 封隔器于 4 253.31 m，连接水泥车管线试压 40 MPa，稳压 30 min 压力不降，水泥车正打压 30 MPa，泵入压井液 0.32 m³，稳压 30 min 不降，泄压返吐压井液 0.22 m³。结论：4 253.31 m 以下套管无漏点。

（3）第三次找漏、验漏。

上提管柱解封封隔器，起钻坐封 7″ RTTS 封隔器于 2 084.63 m，连接水泥车管线试压 40 MPa，稳压 30 min 压力不降。水泥车正打压 30 MPa，泵入压井液 0.72 m³，稳压 30 min 不降，泄压返吐压井液 0.6 m³。结论：2 084.63 m 以下套管无漏点。

上提管柱解封封隔器，起钻，整个找漏过程 B、C、D 环空压力无变化。

3．5″MFE 跨隔测试负压验漏

（1）第一次下 5″MFE 跨隔测试负压验漏管柱。

管柱结构（自上而下）：ϕ88.9 mm 钻杆 + 常闭阀 + RD 循环阀 + ϕ89 mm 钻杆 6 根 + 监测压力计 1 只 + 5″ MFE + 5″ 裸眼旁通 + 电子压力计 1 只 + ϕ121 mm 钻铤 4 根 + 机械压力计 1 只 + 7″ 剪销封隔器 + 重型筛管 1 根 + ϕ121 mm 钻铤 9 根 + 安全接头 + 盲接头 + 5″ 裸眼旁通 + 7″RTTS 封隔器 + 开槽尾管 + 机械压力计 1 只。

下 5″MFE 跨隔测试负压验漏管柱至井深 2 093.02 m，测试压差 24.901 MPa，液垫为密度为 1.92 g/cm³ 的压井液，灌液垫高度为 635.09 m，液垫体积为 2.458 m³，掏空深度为 1 323.16 m，掏空体积 5.12 m³。连接井口控制头及管汇并试压合格后，上提管柱 1.8 m，正转 5 圈下放管柱，加压坐封 7″RTTS 封隔器于 2 087.85 m，7″剪销封隔器封位 1 998.48 m（见图 3.5）。延时 5 min 开井观察，环空液面稳定，泡泡头无气泡显示（观察其间 B、C、D 环空压力无变化）。上提下放管柱井下关井，上提管柱解封封隔器，管柱内灌液 5.12 m³，观察 30 min 液面稳定。

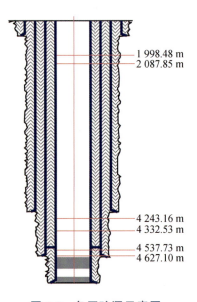

1 998.48 m
2 087.85 m

4 243.16 m
4 332.53 m
4 537.73 m
4 627.10 m

图 3.5　负压验漏示意图

下 5″MFE 跨隔测试负压验漏管柱至井深 4 338.40 m，测试压差 24.692 MPa，液垫为密度为 1.92 g/cm³ 的压井液，灌液垫高度为 2 890.86 m，液垫体积为 11.188 m³，掏空深度为 1 310.27 m，掏空体积 5.071 m³。连接井口控制头及管汇并试压合格后，上提管柱 2.5 m，正转 8 圈下放管柱，加压坐封 7″RTTS 封隔器于 4 332.53 m；7″剪销封隔器封位 4 243.16 m。延时 5 min 开井观察，环空液面稳定，泡泡头无气泡显示（观察其间 B、C、D 环空压力无变化）。

上提下放管柱井下关井，上提管柱解封封隔器，管柱内灌液 1 m³，下 5″MFE 跨隔测试负压验漏管柱至设计位置 4 633.17 m。连接井口控制头及管汇，上提管柱 2.7 m，正转 8 圈下放管柱，加压坐封 7″RTTS 封隔器封位 4 627.10 m，7″剪销封隔器封位

4 537.73 m。延时 5 min 开井观察，环空液面下降，泡泡头显示有微弱气泡。上提下放管柱井下关井，上提管柱解封封隔器，环空液面下降，起管柱至井深 4 623.5 m，环空间接灌液共 5.3 m³，管柱内灌液 0.4 m³，观察环空及管柱液面不降。环空打压 25 MPa 打开 RD 循环阀，无明显压降，投 ϕ45mm 钢球，候球入座正打压 17 MPa 打开常闭阀，正循环洗井，起 5″MFE 跨隔测试负压验漏管柱，7″RTTS 封隔器完好，7″剪销封隔器上胶筒与下胶筒均有 1/3 磨损，其他工具完好。

（2）第二次下 5″MFE 跨隔测试负压验漏管柱。

管柱结构（自上而下）：ϕ88.9 mm 钻杆 + 常闭阀 + RD 循环阀 + ϕ89 mm 钻杆 6 根 + 上监测压力计 1 只 + 5″MFE + 5″裸眼旁通 + 电子压力计 2 只 + ϕ121 mm 钻铤 4 根 + 机械压力计 1 只 + 7″剪销封隔器 + 重型筛管 1 根 + ϕ121mm 钻铤 9 根 + 安全接头 + 盲接头 + 5″裸眼旁通 + 7″RTTS 封隔器 + 开槽尾管 + 下监测压力计 2 只。

下 5″MFE 跨隔测试负压验漏管柱至井深 4 635.38 m，测试压差 27.539 MPa，液垫为密度为 1.92 g/cm³ 的压井液，灌液垫高度为 3 170.48 m，液垫体积为 12.33 m³，掏空深度为 1 464.9 m，掏空体积为 5.57 m³。连接井口控制头及管汇并试压合格后，上提管柱 2.8 m，正转 8 圈下放管柱，加压坐封 7″RTTS 封隔器于 4 627.68 m，7″剪销封隔器封位 4 538.08 m。延时 5 min 开井观察，环空液面下降，泡泡头显示气泡由弱变强。上提下放管柱井下关井，环空灌液 0.3 m³，观察环空液面稳定。上提下放管柱再次开井观察，环空液面下降，泡泡头显示气泡由小变大。上提下放管柱井下关井，环空灌液 0.5 m³，观察环空液面稳定。

上提管柱解封封隔器，上提管柱正转 8 圈下放管柱，加压坐封 7″RTTS 封隔器于 4 630.04 m，7″剪销封隔器封位 4 540.44 m。延时 5 min 开井观察，环空液面下降，泡泡头有气泡显示，上提下放管柱井下关井，环空灌液 0.8 m³，观察环空液面稳定。

上提管柱解封封隔器，起管柱至井深 4 549.19 m，环空灌液 0.58 m³，观察环空液面不降，上提管柱正转 8 圈下放管柱，加压坐封 7″RTTS 封隔器于 4 544.29 m，7″剪销封隔器封位 4 454.69 m。延时 5 min 开井观察，环空液面下降，泡泡头有气泡显示，上提下放管柱井下关井，环空灌液 0.9 m³，观察环空液面稳定，环空打压打开 RD 循环阀，油管内泵入 2 m³ 压井液，环空见返出，上提管柱解封封隔器，正循环洗井至进出口液性能一致，起 5″MFE 跨隔测试负压验漏管柱，7″RTTS 封隔器完好，7″剪销封隔器上胶筒与下胶筒均有 1/3 磨损，其他工具完好。施工曲线如图 3.6 所示。

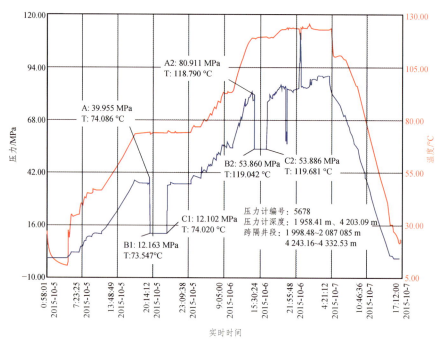

图 3.6　5″MFE 跨隔测试负压验漏施工曲线

4.5″MFE 常规测试负压验漏

（1）第一次下 5″MFE 常规测试负压验漏管柱。

管柱结构（自上而下）：ϕ88.9 mm 钻杆 + 常闭阀 + RD 循环阀 + ϕ89 mm 钻杆 3 根 + ϕ121 mm 钻铤 4 根 + 监测机械压力计 1 只 + 5″MFE + 5″裸眼旁通 + 电子压力计 2 只 + ϕ121 mm 钻铤 9 根 + 上监测机械压力计 1 只 + 安全接头 + 7″RTTS 封隔器 + 开槽尾管 + 下监测压力计 1 只。

下 5″MFE 常规测试负压验漏管柱至井深 4 610.08 m，每下 5 柱钻杆灌一次压井液液垫（入井钻具都通径）。连接井口控制头及管汇并试压合格后，上提管柱，加压坐封 7″RTTS 封隔器于 4 606.19 m（见图 3.7）。延时 10 min 开井观察，环空液面稳定，泡泡头无气泡显示（观察其间 B、C、D 环空压力无变化）。上提下放管柱井下关井观察，环空液面稳定，泡泡头无气泡显示。管柱内灌液 5.7 m³，环空打压 25 MPa 打开 RD 循环阀，无压降显示，投 45 mm 钢球，候球入座。连接方钻杆，上提管柱解封封隔器，正打压 16 MPa 打开常闭阀，正循环洗井至进出口液性能一致，起 5″MFE 常规测试负压验漏管柱，7″RTTS 封隔器及其他工具完好。施工曲线如图 3.8 所示。

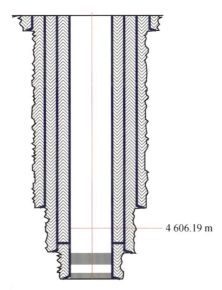

图 3.7　5″MFE 常规测试负压验漏封隔器坐封位置示意图

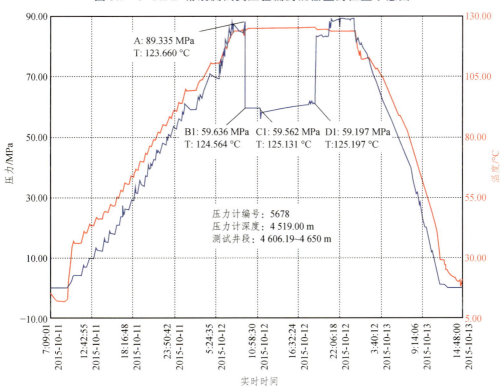

图 3.8　5″MFE 常规测试负压验漏施工记录

（2）第二次下 5″MFE 常规测试负压验漏管柱。

管柱结构（自上而下）：ϕ 88.9 mm 钻杆 + 常闭阀 + RD 循环阀 + ϕ 89 mm 钻杆 3 根 + ϕ 121 mm 钻铤 4 根 + 监测机械压力计 1 只 + 5″MFE + 5″裸眼旁通 + 电子压力计 2 只 + ϕ 121 mm 钻铤 9 根 + 上监测机械压力计 1 只 + 安全接头 + 7″RTTS 封隔器 + 开槽尾管 + 下监测压力计 1 只。

下 5″MFE 常规测试负压验漏管柱至井深 1 602.53 m，测试压差 27.652 MPa，液垫为密度为 1.92 g/cm³ 的压井液，液垫高度为 42.28 m，液垫体积为 0.1 m³，掏空深度为 1 467.37 m，掏空体积为 5.679 m³（入井钻具都通径）。连接井口控制头及管汇并试压合格后，上提管柱加压坐封 7″RTTS 封隔器封位 1 599.14 m。延时 5 min 开井观察，环空液面稳定，泡泡头无气泡显示（观察其间 B、C、D 环空压力无变化）。上提管柱解封封隔器，管柱内灌液 5.679 m³，环空打压 26 MPa 打开 RD 循环阀，无压降显示，投 45 mm 钢球，候球入座，正打压 17 MPa 打开常闭阀，正循环洗井至进出口液性能一致，起 5″MFE 常规测试负压验漏管柱，7″RTTS 封隔器及其他工具完好，如图 3.9 所示。施工曲线如图 3.10 所示。

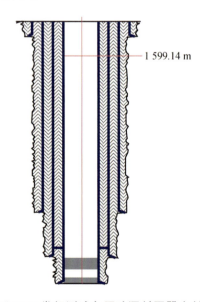

1 599.14 m

图 3.9 5″MFE 常规测试负压验漏封隔器坐封位置意图

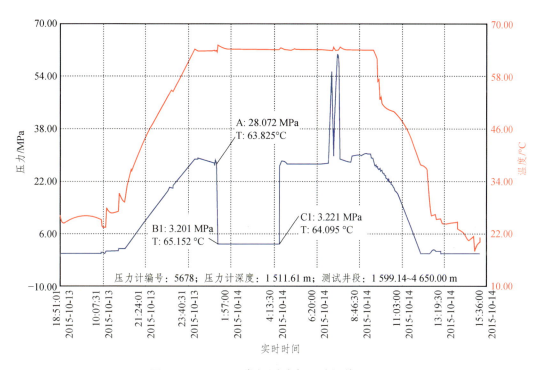

图 3.10 5″MFE 常规测试负压验漏施工记录

5．套管试压找漏

（1）对 C 环空进行试压找漏作业。

井内管柱组合（自下而上）：$\phi 146\,mm$ 五刀翼磨鞋 + $\phi 121\,mm$ 钻铤 13 根 + $\phi 88.9\,mm$ 钻杆（管柱下至井深 4 650 m）。观察 A 环空、水眼出口无液、无气。C 环空泄压，压力由 13.5 MPa 降至 2.5 MPa，泵车连接管线试压合格后，对 C 环空第一次打压 38 MPa，停泵关 C 环空压力降至 14.6 MPa。C 环空泄压至 2.9MPa 后，第二次打压至 38 MPa，停泵关 C 环空后压力降至 19.5 MPa。C 环空泄压至 3.8 MPa 后，第三次打压至 38 MPa，停泵关 C 环空后压力降至 22.7 MPa。C 环空泄压至 3.5 MPa 后，C 环空第四次打压至 38 MPa，停泵关 C 环空后，观察 C 环空压力降至 26.6 MPa。

下光钻杆至井深 2 500 m，C 环空泄压至 3 MPa 后，C 环空第一次打压至 38 MPa，停泵关 C 环空后，观察压力降至 27.5 MPa。C 环空泄压至 3 MPa 后，C 环空第二次打压至 37.6 MPa，停泵关 C 环空后，观察压力降至 29.4 MPa。C 环空泄压至 3 MPa 后，C 环空第三次打压至 38 MPa，停泵关 C 环空后，观察压力降至 31.2 MPa。敞井观察，

A 环空、水眼稳定，液面在井口。C 环空泄压，压力由 1.2 MPa 降至 1.1 MPa，C 环空第四次打压至 38 MPa，停泵关 C 环空后，观察压力降至 30.7 MPa。C 环空泄压至 1.4 MPa，C 环空第五次打压至 25.2 MPa，观察 A 环空情况，整个打压过程 A 环空液面在井口，无响应。

（2）对 A 环空进行试压找漏作业。

先对 A 环空打压 49.8 MPa，C 环空压力由 25.2 MPa 上升至 26.8 MPa，稳压 30 min 后，A 环空压力下降至 48.9 MPa（其间 C 环空压力保持不变）；泄 A 环空压力至 0 MPa，观察 C 环空下降至 24.5 MPa。下钻塞管柱至井深 4 650 m；正循环压井液，观察 C 环空由 24.5 MPa 上升至 26.5 MPa，关井，对 A 环空打压 40 MPa，C 环空压力上升 27.8 MPa，关 A 环空憋压，泄 C 环空压力至 1.0 MPa，观察 12 h 发现，A 环空压力由 40 MPa 降至 37.3 MPa 后，缓慢上升至 38.6 MPa，C 环空压力保持不变；泄 A 环空压力至 0 MPa，C 环空压力上升至 8.6 MPa。施工记录如图 3.11 所示。

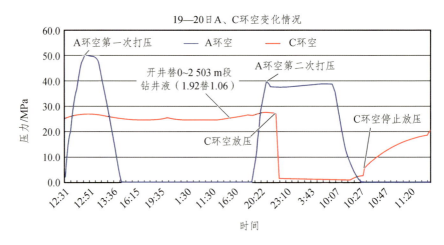

图 3.11　套管试压找漏施工记录

找漏结果分析：正、反试压均合格，表明 A 环空与 C 环空不连通或者通道连通不畅，可能是由于在修井作业过程中压井液漏失形成滤饼对漏失位置造成封堵导致，在不影响后期生产的情况下，采取直接下完井管柱的方式完井。

三、技术总结

当单井出现第一级安全屏障、第二级安全屏障失效引发外层套管出现压力异常时，修井工作往往先考虑套管的找漏堵漏工作。本井在出现 C 环空压力异常上升、与 A 环空相关性明显情况时，修井作业设计了找漏、堵漏施工，井筒内清理干净后，打水泥塞暂时封堵射孔段、探塞、验封合格，开展了验漏工作。

（1）正压分段找漏：利用 RTTS 单封验漏管柱在套管内依次分段坐封，正打压30 MPa，稳压 30 min 不降，未发现漏点，反打压 30 MPa，稳压 30 min 不降（其间观察 B、C、D 环空压力无变化），未发现漏点。

（2）负压找漏：① 下 5″ MFE 跨隔测试负压验漏管柱，分别对怀疑井段进行跨隔验漏，测试压差 27 MPa，开井 2 h 无流动（其间观察 B、C、D 环空压力无变化），未发现漏点；② 下 5″ MFE 常规测试负压验漏管柱，对怀疑井段（尾管悬挂器处）进行负压验漏，测试压差 29 MPa，开井 2 h 无流动（其间观察 B、C、D 环空压力无变化）；③ 下 5″ MFE 常规测试负压验漏管柱，对上部井段进行负压验漏，测试压差 25 MPa，开井 2 h 无流动（其间观察 B、C、D 环空压力无变化），未发现漏点。用高压泵车向 C 环空反复打压至 38 MPa，然后进行泄压（0～2 503.3 m 用密度为 1.06 g/m³ 的压井液替原井密度为 1.92 g/m³ 的压井液），累计泵入量 1.459 m³，累计放出量 0.768 m³，最后一次打压后关闭 C 环空，压力迅速上升至 24.6 MPa。整个打压过程 A 环空液面在井口，无响应。对 A 环空进行打压，然后泄压，在 A 环空压力上升的过程中，C 环空压力也随之略有上升；随后对 A 环空进行泄压，C 环空压力也随之有所降低，但变化不明显，表明 A、C 环空相关性不强。通过工程测井，发现套管以轻度腐蚀和一般腐蚀为主，36 处套管段发生纵向损伤（垂直于井眼），存在套管微裂缝渗漏的可能。

高压气井中，气体往往只需要很小的间隙（可能来自套管螺纹、裂缝、悬挂器密封等）就可以发生窜漏，而高压气井的修井工作需要利用高密度压井液压井后施工，高密度压井液容易堵塞间隙，无法进行找漏和堵漏工作。其他区块同类井有鉴于本井的施工作业经验，在井筒内利用水泥塞封堵射孔段后，利用有机盐替换高密度压井液进行找漏，也无法测试出漏点。此外，国内外也有部分高级堵漏测漏仪器和材料，通过监测漏点处流体流动，根据反馈的曲线来判断漏点深度和大小，但是所有找漏前提是漏点较大，且能产生流动。而实际高压气井套管在生产中抗腐蚀性能、抗外力性能均满足现场要求，出现漏点也可能只是微裂缝或者螺纹产生的渗漏，对于渗漏小，漏点可能多的情况，在高密度压井液压井起原井管柱施工后，渗漏通道可能被高密度压井液堵塞，这也正是该井正、反找漏都无法找出漏点的原因，同样的堵漏施工也无法进一步实施。而有效的做法是重新下入可靠的完井管柱（下入前油管逐根探伤，下入过程进行气密封检测，检测压力范围介于地层压力与关井静压之间，不建议用油管抗压强度来确定检测压力，而应根据实际井筒压力来确定），建立第一级安全屏障，将可能出现的较大漏点暴露在封隔器以下，保障环空压力处于一个正常范围，从而修井工作得以成功。

第二节　小井眼打捞射孔枪技术

超深高温高压因素对打捞工具材质、强度、加工精度等工具性能上都提出了巨大挑战。由于井深，单趟起下钻时间长，打捞效率低，且井下超深高温高压对钻井液性能的稳定性影响较大，可能导致井下管柱的"死卡"，所以打捞工具本体基本全采用超高强度钢，磨套铣工具采用进口材料，切削齿采用天然金刚石或进口合金齿，自制工具严格把控加工过程，打捞辅助工具（如振击器类进口工具）应用较多，所以在管柱组合工艺上也有较成熟的管柱组合方式。

由于小井眼井的特殊性，在考虑打捞工具强度和尺寸的同时，在加工制造上比常规井要求严格。材质选择要求比大尺寸的打捞工具抗拉大、强度高、耐磨等；尺寸受到套管内径、落鱼尺寸、井斜的限制。小井眼井套管尺寸小，循环摩阻高，清洗井筒更加困难，处理过程中容易造成事故复杂化。

井眼通径小，射孔枪落鱼在井内一般处于斜靠井壁的形态，套铣时极易铣破枪管，铣破后的枪剥皮和射孔弹碎片受循环排量及井筒条件限制，不易返出地面而极易造成卡钻。另外，射孔枪落鱼易偏磨套管致使开窗新井眼，地面通过钻压、排量等参数极难判断井底是否偏磨。

修井液在高温条件下极易发生固相物沉淀，往往在充分套铣清洁后，再下入打捞管柱后鱼顶附近又发生二次沉淀，不仅加大了打捞难度，还增加了打捞风险。鱼头被套铣清洁后又被砂埋，会严重影响打捞工具的选择，若下入母锥或卡瓦捞筒，入鱼后可能无法实施倒扣打捞，不仅影响打捞效率，还存在打捞工具落井的二次事故风险[19-20]。

案例十一 ××2-4井5″、7″小井眼打捞射孔枪

一、背景资料

××2-4井是一口开发井。该井于2007年4月16日开钻，9月30日完钻，完钻井深5 071.00 m。完钻层位：古近系库姆格列木群；完井方式：套管射孔完井；目前人工井底：5 056.00 m。

试油改造情况：2007年11月16日—12月13日，完井作业共28天；5 mm油嘴放喷，油压87.1 MPa，日产油25.9 m³，日产气262 825 m³；射孔后进行酸化作业（高挤前置酸1.45 m³，泵压80 MPa、91 MPa、99.6 MPa，平衡压力20 MPa、30 MPa、40 MPa，排量0.5 m³/min，共注入井筒24.45 m³，泵压高，停泵），未成功。

生产情况：2009年7月18日投产，日产气99.6×10⁴ m³，油压73.81 MPa，A：72.59 MPa。截至目前累产气30.78×10⁸ m³，累产油25.2×10⁴ t。目前油压18.83 MPa，日产气91.00×10⁴ m³，A套压力27.08 MPa，B套压力29.10 MPa，C套压力23.13 MPa。A环空：投产初期压力较高，泄压放出可燃气体，2013年6月油套压力基本一致，油套连通。B环空：多次进行泄压均放出可燃气体，2016年6月关井检修压力上升，泄压后迅速恢复，呈缓慢下降的趋势。C环空：17.95～24.52 MPa（C环空投产初期放压，不见气）。

作业情况：2017年4月静温静压梯度测试45 mm外径通井至4 467.923 m硬遇阻。结合××区块异常井及本井生产情况分析，由于是筛管生产井，本井可能出砂或结垢堵塞孔眼和油管，堵塞物无法排出，导致油压波动下降。

该井存在问题：油套连通，B环空压力异常；地层出砂、结垢，生产通道堵塞。

二、作业情况

（1）油管切割。因井下安全阀内径为ϕ68.33mm，不能直接下3 1/2″切割弹对油管切割，故下ϕ59.6 mm通井规至封隔器，隔日下进口2 7/8″切割弹作业，切割深度4 437.30 m，切割成功。6天后，起原井油管完，累计起出油管挂1只，双公短节1只，3 1/2″FOX×7.34 mm油管6根，上提升短节1只，上流动接箍1只，井下安全阀1只，下流动短节1只，下提升短节3只，3 1/2″FOX×7.34 mm油管104根，3 1/2″FOX×6.45 mm油管348根。

（2）修正鱼头。下 ϕ146 mm 进口合金套子磨鞋修鱼管柱入井，磨铣井段 4 437.16～4 438.26 m，磨铣进尺 1.10 m，出口返出少量铁屑，本趟磨鞋铣齿引筒组合工具，中度磨损，磨鞋底部有明显磨痕，捞杯带出碎铁屑 0.45 kg；修鱼已完成，下部套铣封隔器。

（3）套铣封隔器。下 ϕ146 mm 进口合金专用波浪式套铣鞋套铣管柱，套铣井段 4 443.61～4 444.31 m，进尺 0.7 m，出口返出少量铁屑和胶皮，循环洗井干净后起钻，检查发现两只捞杯内带出封隔器残皮约 2.5 kg，其中，上卡瓦牙残块 4 块，下卡瓦牙 6 块。从套铣进尺、返出的胶皮以及捞杯带出的封隔器卡瓦牙（见图 3.12）分析，封隔器上下卡瓦牙已破坏，封隔器已解封，下步可直接打捞。

图 3.12　出井套铣鞋，以及返出胶皮和捞杯带出封隔器卡瓦牙

（4）倒扣打捞封隔器。下 ϕ143 mm 卡瓦打捞筒打捞管柱至井深 4 428.79 m，正循环冲洗鱼顶干净后停泵打捞，起打捞管柱完，检查卡瓦打捞筒轻微涨大变形，捞获落鱼：3 1/2″FOX × 6.45 mm 油管残体 × 3.72 m + 3 1/2″FOX 上提升短节 × 1.99 m + 7″THT 封隔器残体 2.32m（见图 3.13）+ 3 1/2″FOX 磨铣延伸管 0.3 m + 3 1/2″FOX 下提升短节 × 1.44 m + 变扣接头 × 0.21 m + 2 7/8″FOX 油管 × 19 根 × 182.31 m + 2 7/8″FOX 校深短节 × 1.52 m + 2 7/8″FOX 油管 × 2 根 × 19.09 m + RH 球座 × 0.29 m + 2 7/8″FOX 生产筛管 × 3 根 × 29.07 m + 十字交叉接球器 × 0.12 m + 变扣 × 0.78 m + 减振器 × 2 根 × 1.16 m + 上延时起爆器 × 0.55 m + 安全枪 × 3.5 m + 射孔枪 × 5 根 × 24.11 m，捞获落鱼总长 272.48 m。

图 3.13　封隔器残体

（5）倒扣打捞射孔枪落鱼管串。下 ϕ102 mm 进口合金套铣鞋高强度母锥组合工具打捞管柱入井，未有捞获，分析母锥未入鱼，母锥磨损严重，判断鱼顶上部封隔器残片等杂物较多，致使母锥在打捞过程中无法有效抓获落鱼，造成损坏。下步使用专用磨鞋磨铣清理鱼顶上部后，再使用母锥打捞管柱打捞。

（6）磨铣清理鱼顶。下 ϕ104 mm 反扣进口合金特制凹底磨鞋磨铣管柱入井，钻磨井段 4 709.65～4 711.25 m，累计进尺 1.6 m，起磨铣管柱完，检查磨鞋磨损严重，捞杯内带出铁屑 1.3 kg（其中最大一块为 15 cm×15 cm，分析为射孔枪残皮），磨鞋水眼内被卡带出射孔枪传爆隔板一块。分析磨鞋已磨铣至射孔枪本体，但因环空间隙太小鱼顶上部杂物很难全部清理带出井筒，可能会对下步打捞造成困难。

（7）倒扣打捞射孔枪落鱼管串。其中，下 ϕ102 mm 反扣进口合金套铣鞋高强度母锥打捞管柱一趟，起管柱检查发现未捞获到落鱼，分析可能是因为鱼顶上部残片等杂物仍然较多，致使母锥在打捞过程中无法有效抓获落鱼，造成损坏；下 ϕ102 mm 反扣进口合金球形铣头高强公锥打捞管柱一趟，捞获射孔枪残体 1 根 3.65 m（见图 3.14），带出射孔枪公接头；下 ϕ104 mm 反扣进口合金套铣鞋高强度母锥打捞管柱两趟，第一趟母锥内带出射孔枪残皮 1 块（40 cm×7 cm）、封隔器下卡瓦牙残块 2 块（见图 3.15），捞杯内带出少量碎铁块，第二趟捞获 ϕ89 mm 射孔枪 2 根（见图 3.16），未带出射孔枪下接头，检查母锥磨损严重，捞杯内带出碎铁块约 0.5 kg。

（a）

（b）

图 3.14　ϕ102 mm 反扣进口合金铣头公锥捞获射孔枪 1 根

图 3.15　ϕ104 mm 进口合金套铣鞋高强度母锥带出残块

图 3.16　ϕ104 mm 反扣进口合金套铣母锥捞获射孔枪 2 根

（8）清理鱼顶杂物。下磨鞋清理鱼顶管柱至井深 4 719.52 m，再接方钻杆开泵下探至井深 4 725.73 m，遇阻后反复活动冲洗鱼顶至井深 4 725.95 m，出口返出少量铁屑及杂垢，起管柱检查磨鞋底部轻微磨损，本体外部横向磨痕较多，磨损严重，捞杯内带出碎铁块 1.01 kg，如图 3.17 所示。

图 3.17　ϕ 104 mm 反扣进口合金凹底磨鞋，捞杯内带出铁块

（9）倒扣打捞射孔枪落鱼管串。打捞 3 趟，均使用 ϕ 104 mm 反扣进口合金套铣鞋高强度母锥组合工具。第 1 趟捞获射孔枪双公接头 1 只（见图 3.18），捞杯内带出碎铁屑 0.43 kg，第 2 趟捞获射孔枪上接头 1 只 11 cm（见图 3.19），捞杯内带出碎铁屑 49 g，这两趟因鱼顶上部接头较短，在打捞过程中不存在阻卡，故造扣倒扣过程中将其倒开。第 3 趟，起完打捞管柱后带出捞杯和安全接头上筒体（见图 3.20），从安全接头处倒开，未带出母锥，捞杯内带出少量铁屑，对第 3 趟的分析如下：在母锥造扣打捞射孔枪抓获落鱼后上提管柱活动中，过提管柱 14 t 时泵压明显下降，判断为安全接头销钉剪断，而后在倒扣过程中反转倒扣 16 r，扭矩突然释放，转盘加速反转对下部管柱形成反扭矩，使安全接头倒开；此外，考虑到下部落鱼管串仍存在阻卡，故决定在下步使用安全接头外筒对扣打捞，若对扣打捞无效，则再使用专用母锥打捞安全接头中心轴，确保捞获落鱼。

图 3.18　ϕ 104 mm 反扣进口合金套铣母锥捞获射孔枪双公接头 1 只

图 3.19　φ104 mm 反扣进口合金套铣母锥捞获射孔枪上接头 1 只

图 3.20　带出安全接头上筒体

（10）对扣打捞安全接头芯轴，打捞下部落鱼。下对扣打捞管柱入井，捞获安全接头、母锥，母锥带出射孔枪 1 根（见图 3.21），判断本趟对扣打捞成功是因为上趟倒扣过程中已将射孔枪倒开。

图 3.21　捞获安全接头、母锥，母锥带出射孔枪 1 根

（11）倒扣打捞射孔枪落鱼管串。打捞 3 趟，均使用 φ104 mm 反扣进口合金套铣鞋高强度母锥组合工具。第 1 趟，捞获射孔枪上接头 1 只 0.11 m（见图 3.22），母锥内带出射孔枪残皮 1 块 6 cm×4 cm；第 2 趟，捞获射孔枪 1 根，带出双公接头和变扣接头（见图 3.23），共计 5.37 m；第 3 趟，未捞获，本趟钻遇阻井段，距离预计鱼顶 4.87 m，反复旋转划眼无法通过，分析该井段套管可能存在轻微缩径，决定下步使用铣锥铣柱组合工具处理井筒至鱼顶上部，为后续打捞做准备。

图 3.22　ϕ 104 mm 反扣进口合金套铣母锥，捞获射孔枪上接头 1 只

图 3.23　ϕ 104 mm 反扣进口合金套铣母锥，捞获射孔枪 1 根，带出双公接头和变扣接头

（12）处理井筒至鱼顶上部。使用 ϕ 104 mm 进口合金锥形磨鞋铣柱组合工具入井遇阻并直接到了鱼顶上部，判断该井段套管只存在轻微变形缩径。在处理该井段过程中，下钻压高转速，反复上提下放划眼至畅通，确保该井段打捞工具下入。起出管柱发现，锥形磨鞋铣柱组合工具中度磨损，捞杯内带出铁屑 46 g，其中最大一块 7 cm ×

4 cm，分析为射孔枪残皮，判断在鱼顶上部清理杂物时可能对鱼顶造成了破坏，下步打捞可能存在入鱼困难的情况。

（13）倒扣打捞射孔枪落鱼管串。打捞 2 趟，其中，第 1 趟，使用 ϕ104 mm 进口合金套铣鞋高强度母锥组合工具，未捞获落鱼，分析是因为鱼顶被破坏，而鱼顶上部杂物较多导致母锥无法入鱼，不能有效抓获落鱼，决定下步使用球形铣头公锥组合工具，从射孔枪落鱼内部打通道再造扣打捞下部落鱼管串；第 2 趟，使用 ϕ102 mm 反扣进口合金球形铣头高强公锥组合工具，捞获射孔枪 11 根并带出双公接头及变扣接头（见图 3.24），共计 59.65 m，下部预计鱼顶位置 4 796.73 m，新裸露出射孔井段较长，套管内壁可能存在砂桥结垢等情况。若直接组下打捞工具可能无法到位，决定先使用铣锥和铣柱工具管串，清理鱼顶上部套管，彻底畅通后再进行下步打捞作业。

图 3.24　ϕ102 mm 反扣进口合金球形铣头高强公锥组合工具入井前后

（14）处理井筒至鱼顶上部。使用 ϕ104 mm 进口合金锥形磨鞋铣柱组合工具，下钻至井深 4 739.00 m 遇阻，上趟打捞鱼顶位置 4 737.00 m，分析上趟打捞出的射孔枪井筒内井壁存在结垢情况。于是开泵加压，但下探至井深 4739.12m 时又遇阻，而后采取划眼处理至井深 4796.73m（目前鱼顶位置），划眼畅通，为下步打捞做好了准备。

（15）倒扣打捞射孔枪落鱼管串。打捞 4 趟，入井管柱均为 ϕ104 mm 反扣进口合金套铣鞋高强度母锥打捞管柱。4 趟打捞均有捞获，其中，第 1 趟捞获射孔枪 1 根，带出双公接头及变扣接头（见图 3.25），共计 5.37 m；第 2 趟，捞获射孔枪 1 根 5.26 m，未带出双公接头及变扣；第 3 趟，捞获射孔枪双公接头 1 只、变扣接头 1 只，共计 0.14 m；第 4 趟，捞获射孔枪 2 根并带出双公接头和变扣接头（见图 3.26），共计 10.86 m。

图 3.25　ϕ104 mm 反扣进口合金套铣鞋高强度母锥捞获射孔枪 1 根，并带出双公接头及变扣接头

图 3.26　ϕ104 mm 反扣进口合金套铣鞋高强度母锥捞获射孔枪 2 根，并带出双公接头和变扣接头

（16）处理井筒至鱼顶上部。下通铣井筒管柱通铣井筒 4 789.08～4 818.57 m，反复旋转、上提下放划眼处理至井深 4 818.75 m，划眼畅通，为下步打捞做好了准备。

（17）倒扣打捞射孔枪落鱼管串。打捞 8 趟，入井管柱均为 ϕ104 mm 反扣进口合金套铣鞋高强度母锥打捞管柱。第 1 趟，未捞获落鱼，检查母锥内 ϕ89 mm 打捞位置处，有明显入鱼痕迹，分析因下部射孔枪管串，扣较松扭矩较小，故母锥在造扣打捞时未将落鱼抓牢，导致脱落；第 2 趟，捞获射孔枪 1 根 5.23 m，未带出双公接头及变扣接头；第 3 趟，捞获射孔枪双公接头和变扣接头（见图 3.27），共计 0.14 m；第 4 至第 5 趟，有捞获且内容物相同，每趟均捞获射孔枪 2 根（见图 3.28）且都带出双公接头及变扣接头，两趟共计 21.72 m；第 6 趟，捞获射孔枪 2 根，带出双公接头及变扣接头，共计 9.88 m；第 7 趟，捞获射孔枪 1 根，带出双公接头及变扣接头，共计 4.94 m；第 8 趟，捞获射孔枪 6 根，带出双公接头及变扣接头，共计 29.73 m，考虑到新露出井筒段较长，且捞出射孔枪存在结垢现象，决定下步使用铣锥铣柱先通铣处理井筒至鱼顶上部，确保井筒干净。

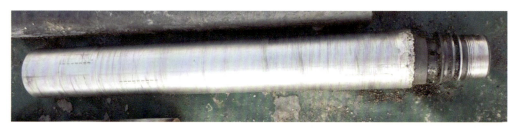

图 3.27　ϕ 104 mm 反扣进口合金套铣鞋高强度母锥组合工具捞获射孔枪双公接头和变扣接头

图 3.28　ϕ 104 mm 反扣进口合金套铣鞋高强度母锥组合工具捞获射孔枪 2 根

（18）通铣处理井筒。下磨鞋铣柱组合工具通铣管柱至井深 4 882.18 m，接方钻杆下探至井深 4 888.98 m 遇阻，钻压 20 kN，复探 3 次深度不变，而后开泵反复划眼冲洗。井段 4 888.98～4 889.43 m，进尺 0.45 m，起管柱检查铣锥中度磨损，分析套管内壁有轻微结垢现象。

（19）刮削 7″套管。下 7″刮壁管柱至井深 4 188.20 m，反复三次对井段 4 188.20～4 441.57 m 进行刮壁，循环干净后继续对井段 2 506～4 200 m 反复刮壁 3 次，起完刮壁管柱后检查刮壁器构件是否齐全。

（20）倒扣打捞射孔枪落鱼管串。打捞两趟，均使用 ϕ 104 mm 进口合金套铣鞋高强度母锥组合工具。两趟有捞获，其中，第 1 趟捞获射孔枪 2 根带出双公接头，共计 9.71 m，未带出变扣接头，母锥磨损严重（见图 3.29）；第 2 趟捞获射孔枪 6 根，共计

29.62 m，本趟考虑到新露出井段较长，决定下步使用铣锥及铣柱通铣井筒后再打捞。

图 3.29 ϕ104 mm 反扣进口合金套铣鞋高强度母锥磨损严重

（21）处理井筒至鱼顶上部。下 ϕ104mm 进口合金锥形磨鞋铣柱组合工具通铣处理井筒管柱入井，至井深 4 928.43 m 遇阻后钻压 20 kN，复探 3 次深度不变，划眼处理至井深 4 928.86 m，划眼畅通。

（22）倒扣打捞射孔枪落鱼管串。打捞 6 趟。第 1 趟、第 2 趟、第 4 趟以及第 6 趟，使用 ϕ104 mm 进口合金套铣鞋高强度母锥组合工具，第 1 趟捞获射孔枪双公接头、变扣接头、射孔枪 1 根、双公接头，共计 4.96 m；第 2 趟捞获射孔枪 2 根并带出双公接头，共计 9.87 m；第 4 趟捞获射孔枪 1 根 4.81 m；第 6 趟捞获 ϕ89 mm 射孔枪 1 根并带出双公接头，共计 4.82 m。第 3 趟、第 5 趟，使用了 ϕ104 mm 双引鞋高强度母锥组合工具，其中，第 3 趟捞获射孔枪变扣接头 1 只 0.11 m（见图 3.30），第 5 趟捞获双公接头、变扣接头共计 0.14 m（见图 3.31）。

图 3.30 ϕ104 mm 双引鞋高强度母锥组合工具捞获射孔枪变扣接头 1 只

图 3.31　φ104 mm 双引鞋高强度母锥组合工具捞获双公接头、变扣接头

（23）处理井筒至鱼顶上部。将 φ104 mm 进口合金锥形磨鞋通铣处理井筒管柱下探至 4 954 m 遇阻（鱼顶深度：4 954.35 m），分析已到鱼顶，在鱼顶上部反复通铣至畅通，确保 5″ 套管只鱼顶上部干净无杂物。

（24）倒扣打捞射孔枪落鱼管串。打捞 5 趟，主要使用了 φ104 mm 进口合金套铣鞋高强度母锥组合工具。第 1 趟，捞获射孔枪上接头 1 只 0.11 m；第 2 趟，捞获射孔枪 1 根 4.81 m；第 3 趟，捞获双公接头和变扣接头，共计 0.14 m；第 4 趟，未捞获落鱼，母锥内有明显入鱼痕迹，φ89 mm 打捞部位被磨平；第 5 趟，捞获射孔枪 1 根并带出双公接头及变扣接头，共计 4.84m，从打捞情况分析，打捞入鱼顺利但倒扣困难，活动解卡过程射孔枪从母锥处脱开，判断下部射孔枪落鱼管串埋卡严重，因下步继续打捞射孔枪难度较大，存在卡钻风险，且下步井段生产层较少，综合分析后决定不再打捞下步落鱼，转下步施工。

三、技术总结

本井复杂打捞处理主要分为两个阶段：第一阶段，7″ THT 上部油管切割，套铣打捞处理 7″ THT 封隔器落鱼管串；第二阶段，5″ 套管内打捞处理射孔枪管串落鱼。

本井复杂处理的主要难点有：① 射孔枪落鱼在 5″ 套管内，枪体外径为 89 mm，套管内径为 108 mm 环空间隙较小，工具选择较少；② 本井生产时间较长，井筒内存在分段结垢及砂桥，导致射孔枪卡埋严重；③ 小套管内只能使用 3 1/2″ 钻铤和 2 7/8″ 非标钻杆处理落鱼，存在钻具抗扭抗拉强度较低，下步落鱼管串卡死，在倒扣活动解卡过程中存在造成二次复杂的风险；④ 在打捞过程中随着捞出落鱼，射孔井段露出，井筒存在漏失情况。

第一阶段：7″THT封隔器落鱼管串处理。

本阶段自2019年11月27日至12月9日，用时13天，从封隔器上部第一根油管切割一次成功，钻磨修鱼1趟，套铣7″THT封隔器一次成功使其解卡，使用ϕ143mm可退式卡瓦捞筒倒扣打捞7″THT封隔器落鱼管串成功，捞获7″THT封隔器残体、2 7/8″FOX油管尾管、2 7/8″FOX生产筛管及射孔枪×5根；至此7″套管内打捞结束进入5″套管内射孔枪第二阶段打捞。

此阶段打捞比较顺利，使用2 7/8″油管切割弹从封隔器上部第一根3 1/2″油管一次切割成功，为处理封隔器上部油管节省了较多时间；套铣处理封隔器一次成功，且倒扣打捞封隔器落鱼时直接将21根尾管及3根筛管和5根射孔枪与附件带出，也为本井处理落鱼复杂节约了时间及其他成本。

第二阶段：5″套管内打捞处理射孔枪管串落鱼。

本阶段自2019年12月12日至2020年3月13日，用时93天，主要目的是磨铣清理射孔枪落鱼顶部及环空杂物，套铣母锥倒扣打捞射孔枪管串落鱼，截至目前已捞获射孔枪51根，共计267m射孔枪。该阶段处理难点有：① 该井射孔枪管串为2007年完井未起出，该井多年生产使其沉砂和结垢较多，射孔枪已卡死，且射孔井段较长；② 射孔枪落鱼在5″套管内，枪体外径为89mm，套管内径为108mm，环空间隙较小，工具选择较少且强度较低；③ 本井射孔枪落鱼共计72根，每根射孔枪长4.5~5.5m，但每根射孔枪之间均有一个双公接头和一个变扣连接，导致在倒扣打捞过程中若鱼顶为射孔枪接头，则可能只捞获射孔枪接头，故此增加了打捞趟数；④ 射孔枪落鱼管串已卡死，倒扣打捞解卡困难，鱼顶及环空杂物较多，不易清除。

在此阶段打捞时充分分析总结前期打捞经验，在清理射孔枪鱼顶上部封隔器牙块残片等杂物时，造成鱼顶偏磨破坏使用母锥打捞无法入鱼，及时调整打捞工具，使用铣头加公锥组合工具，先将其射孔枪内打通通道再公锥打捞，更换鱼顶后，在后期处理井筒时，只处理鱼顶上部井筒，避免破坏鱼顶，为后期打捞成功提供保障。在倒扣打捞中母锥或公锥抓获落鱼时，先充分上提活动管柱，使射孔枪环空卡埋或结垢杂物松动后再上提至合适悬重倒扣，确保尽可能多地带出射孔枪落鱼。

案例十二 ××2-24 井 5″、7″小井眼打捞射孔枪

一、背景资料

××2-24 井是一口开发井。

钻井简况：该井于 2009 年 5 月 4 日开钻，9 月 13 日钻至井深 5 140.00 m 完钻，目的层：古近系库姆格列木群第二段。钻井其间共漏失钻井液 2 257.68 m³，其中目的层漏失钻井液 955.32 m³。

试油简况：该井于 2009 年 10 月 28 日完井转试油，试油井段为 4 792.0 ~ 5 105.51 m（97.5 m/15 层），层位为 $N_1J_5 \sim E_{1-2}km^2$。酸化作业，泵压最大 91.7 MPa、最小 53.1 MPa、一般 75 MPa，注入井筒总液量 321 m³，挤入地层总液量 298 m³。9 mm 油嘴，油压 83.58 MPa，日产油 48.7 t，日产气 82.68×10⁴ m³。

生产简况：2009 年 12 月 31 日投产，投产初期配产 46×10⁴ m³/d，油压 85.73 MPa。2018 年 9 月地面计量确认见水。目前带水生产，日产气 22.31×10⁴ m³，油压 55.63 MPa，A 环空压力 38.21 MPa，B 环空压力 32.22 MPa，C 环空压力 34.54 MPa。截至 2019 年 4 月 27 日，累计产气 26.98×10⁸ m³，累计产油 23.06×10⁴ t，累计产水 0.95×10⁴ t。

××2-24 井为 7″小井眼，该井井身结构示意图如图 3.22 所示。

存在问题：

（1）该井油管渗漏，A、B、C 环空相关性较好，B、C 环空见气。

（2）C 环空 P 密封、主密封可能失效。C 环空 P 密封、主密封，P 密封之间、主密封内拆卸试压观察孔时有气体外泄，无法进行注塑、试压。

（3）井下存在落鱼，落鱼结构：自上而下 88.9 mm FOX×6.45 mm 油管 129 根 1 247.22 m + 88.9 mm FOX 上提升短节 1.03 m + 138.89 mm THT 永久封隔器 2.33 m + 104 mm 磨铣延伸管 0.3 m + 88.9 mm 短油管 1.42 m + 88.9 mm 下提升短节 1.02 m + 88.9×6.45 mm FOX 油管 19 根 183.85 m + 88.9×6.45 mm 校深短节 2.02 m + 88.9×6.45 mm FOX 油管 3 根 29.03 m + 115 mm 投堵球座 0.28 m + 88.9×6.45 mm FOX 生产筛管 2 根 19.34 m + 104×14 mm FOX 变扣 0.24 m + 127 mm×31 mm EUE 上起爆器装置 0.48 m + 127×31 mm EUE 安全枪接头 0.2 m + 127×32.5 mm 射孔枪 93 根 313.5 m + 127×32.5 mm 空枪 0.66 m + 127×31 mm 下起爆器装置 0.48 m + 127×28.5 mm 通井枪尾 0.12 m，落鱼总长 1 803.52 m。

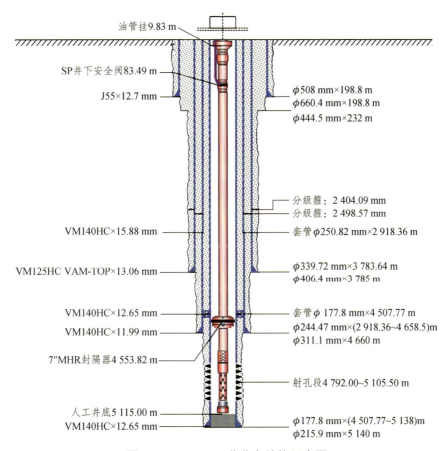

油管挂9.83 m

SP井下安全阀83.49 m

J55×12.7 mm

ϕ508 mm×198.8 m
ϕ660.4 mm×198.8 m
ϕ444.5 mm×232 m

分级箍：2 404.09 mm
分级箍：2 498.57 mm

VM140HC×15.88 mm

套管ϕ250.82 mm×2 918.36 m

VM125HC VAM-TOP×13.06 mm

ϕ339.72 mm×3 783.64 m
ϕ406.4 mm×3 785 m

VM140HC×12.65 mm

套管ϕ177.8 mm×4 507.77 m

VM140HC×11.99 mm

ϕ244.47 mm×（2 918.36~4 658.5）m
ϕ311.1 mm×4 660 m

7″MHR封隔器4 553.82 m

射孔段4 792.00~5 105.50 m

人工井底5 115.00 m
VM140HC×12.65 mm

ϕ177.8 mm×（4 507.77~5 138）m
ϕ215.9 mm×5 140 m

图 3.22　××2-24 井井身结构示意图

二、作业情况

××2-24 井 7″ 小井眼打捞射孔枪过程概述如下：

（1）对扣上提原井管柱。2021 年 1 月接方钻杆 + 短钻杆对扣油管挂成功，上提 480 kN（大钩基重 150 kN）管柱上提无挂卡，判断下步油管断裂。同月，起出原井油管后发现：尾部油管在公扣根部不规则断裂（见图 3.23），丈量尾部断裂油管长度 9.67 m，管柱腐蚀且内部结垢严重，最后一根油管内及下步带出电缆约 130 m。分析：① 下部油管落鱼管串可能存在回缩；② 油管鱼顶上部可能存在电缆堆积；③ 油管鱼顶及油管断裂处套管可能存在结垢情况，决定下卡瓦打捞筒探鱼打捞油管落鱼，以便落实下部油管鱼顶情况。

图 3.23　起出油管断裂处照片

（2）打捞原井落鱼管串。第一次打捞未捞获落鱼，检查卡瓦打捞筒本体被磨亮，卡瓦内有明显入鱼痕迹，卡瓦捞筒上接头端面处有环状磨痕且在清理后排除电缆堆积和结垢的可能，决定继续使用卡瓦打捞筒打捞油管落鱼管串；第二次打捞仍未捞获落鱼，同样，卡瓦内有入鱼痕迹、捞筒上接头端面处有环状磨痕（见图 3.24），鉴于鱼头油管节箍有腐蚀或在上趟旋转打捞过程中将鱼头外径损坏磨小，导致本趟打捞筒入鱼但无法抓获落鱼，决定使用修鱼工具修整鱼顶至油管本体后再实施打捞。

图 3.24　起出卡瓦打捞筒，可见捞筒上接头处有 ϕ 90 mm 环状磨痕

（3）磨铣修整鱼顶至油管本体。下 ϕ 146 mm 套铣凹底磨鞋组合工具（见图 3.25）磨铣管柱修鱼，检查起出的磨铣管柱，发现：套铣凹底磨鞋组合工具被严重磨损，磨鞋外筒也有较多处横向划痕，磨鞋水眼内还带出油管残皮约 0.2 kg，捞杯内也带出碎铁屑约 0.2 kg（见图 3.26），分析本趟修整鱼顶的目的已达到，磨铣有效进尺 1.4 m 并且磨铣至油管本体，满足下步打捞要求。

图 3.25　ϕ 146 mm 套铣凹底磨鞋组合工具入井前照片

图 3.26　磨鞋水眼和捞杯内带出油管残皮及碎铁屑共计约 0.4 kg

（4）打捞油管管串落鱼。用不同尺寸捞筒进行打捞，其中，ϕ 143 mm 加长可退式反扣卡瓦打捞筒使用 1 次，ϕ 146 mm 可退式反扣卡瓦打捞筒使用 2 次，ϕ 143 mm 可退式反扣卡瓦打捞筒使用 1 次。第 1 趟，使用 ϕ 143 mm 加长可退式反扣卡瓦打捞筒（见图 3.27）及配套工具，捞获油管残体 2 根（见图 3.28）、油管 1 根，通过对油管结垢、断口粘连以及过提管柱时断开进行分析，判断井内管柱可能多处断裂。第 2 趟，使用 ϕ 146 mm 可退式反扣卡瓦打捞筒（见图 3.29）及配套工具，捞获油管节箍 1 只（见图 3.30），分析下部鱼顶为油管本体且相对完整，下趟可直接打捞，打捞过程中需注意避免过提大吨位。第 3 趟，使用 ϕ 143 mm 可退式反扣卡瓦打捞筒（见图 3.31）及配套工具，捞获油管残体 1 根、油管 64 根、油管接箍（见图 3.32）。鉴于一方面油管内外带出较多泥垢，判断下部油管环空杂垢较多，另一方面倒扣出的油管未带出电缆，判断油管内电缆抽出并落入下部油管鱼顶上部。第四趟，使用 ϕ 146 mm 可退式反扣卡瓦打捞筒及配套工具，捞筒内带出少量泥垢，卡瓦内无明显磨痕，判断本趟捞筒下钻最大深度距油管鱼顶过百米，油管鱼顶上部存在电缆堆积，套管内壁也存在轻微结垢现象，决定下步打捞电缆。

图 3.27 φ143 mm 加长可退式反扣卡瓦打捞筒（配 φ86 mm 蓝瓦＋φ93 mm 铣控环）
入井前照片

图 3.28 加长捞筒捞获油管及油管断裂端面

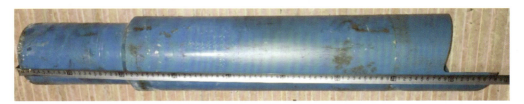

图 3.29 φ146 mm 可退式反扣卡瓦打捞筒入井前照片

图 3.30 捞获 88.9 mm FOX×6.45 mm 油管节箍 1 只

图 3.31 ϕ 143 mm 可退式反扣卡瓦打捞筒入井前照片

图 3.32 卡瓦捞筒捞获 88.9 mm FOX × 6.45 mm 油管 65 根，带出油管节箍

（5）打捞油管鱼顶上部电缆。工具包括反扣加长壁钩和反扣加长外钩。第一趟，使用 ϕ 140 mm 壁钩（见图 3.33）及配套工具，成功捞获电缆 20.5 kg（见图 3.34），约 150 m。本趟虽成功捞获电缆，然而电缆被挤断且油管鱼顶上端电缆未全部带出，考虑到直接下打捞油管工具可能不能直接到位，因此决定下步继续打捞电缆。第二趟，使用 ϕ 147 mm 反扣加长外钩（见图 3.35）及配套工具，捞获 ϕ 5.6 mm 测井电缆 75 kg，约 535 m（见图 3.36），考虑到油管鱼顶上部电缆已清理干净，下步直接打捞油管落鱼。

图 3.33 ϕ 140 mm 反扣加长壁钩入井前照片

图 3.34　ϕ 140 mm 反扣加长壁钩出井捞获电缆 20.5 kg，约 150 m

图 3.35　ϕ 147 mm 反扣加长外钩入井前照片

图 3.36　ϕ 147 mm 反扣加长外钩出井后照片，捞获ϕ 5.6 mm 测井电缆 75 kg，约 535 m

（6）打捞油管管串落鱼。第 1 趟，使用ϕ 143 mm 可退式反扣卡瓦打捞筒打捞及配套工具，捞获油管 27 根、油管接箍，在第 4 根油管内开始见电缆，第 25 根油管内成团带出后（见图 3.37），最后两根油管内未带出电缆，分析电缆可能在上提过程中拉断，也可能电缆鱼头回缩至油管水眼内，也可能在油管鱼顶上部少量堆积，下步先使用卡瓦打捞筒继续打捞油管，若有电缆堆积，再使用外钩打捞电缆。第 2 趟，依旧使用 ϕ143 mm 可退式反扣卡瓦打捞筒进行打捞，本趟未捞获落鱼，检查卡瓦内无明显入鱼痕迹，分析是因为卡瓦捞筒未到油管鱼顶便提前遇阻，且油管鱼顶上部有电缆未全部带出，决定下一步打捞电缆。

图 3.37　ϕ143 mm 可退式反扣卡瓦打捞筒捞获油管及带出电缆

（7）打捞油管鱼顶上部电缆。使用工具包括外钩和壁钩。第 1 趟，使用 ϕ147 mm 反扣加长外钩及配套工具打捞，外钩捞获 ϕ5.6 mm 测井电缆 4.4 m（见图 3.38）。由于电缆下部被拽断，判断油管上部电缆并未完全清理干净，下步继续打捞电缆。第 2 趟，使用 ϕ140 mm 加长壁钩及配套工具打捞，捞获 ϕ5.6 mm 测井电缆 50 kg，约 350 m（见图 3.39），截至本趟，累计捞获电缆约 1 390 m，判断下部油管鱼顶的上部电缆已全部捞获，下趟可直接打捞油管落鱼。

图 3.38　起出外钩捞获电缆 4.4 m

图 3.39　起出壁钩，捞获电缆 50 kg，约 350 m

（8）打捞油管管串落鱼。打捞工具包括卡瓦捞筒和公锥（笔尖公锥、铣头公锥等）。第 1 趟至第 7 趟，使用 ϕ143 mm 或 ϕ146 mm 可退式反扣卡瓦捞筒及配套工具打捞油管管串落鱼，捞获油管（见图 3.40）共计 29 根；第 8 趟，使用 ϕ146 mm 可退式反扣卡瓦捞筒打捞油管管串落鱼，未捞获落鱼，卡瓦内无入鱼痕迹，捞筒外表被磨亮，分析鱼顶上部可能存在少量电缆，导致捞筒无法有效入鱼，决定下步使用公锥穿过电缆直接打捞油管；第 9 至第 14 趟，使用 3 1/2″ 笔尖公锥捞获 88.9 mm FOX × 6.45 mm 油管共 7 根且捞杯带出电缆（见图 3.41 和图 3.42）、3 1/2″ 铣头公锥捞获油管 1 根并带

图 3.40　起出捞筒捞获油管照片

图 3.41　3 1/2″笔尖公锥入井前照片　　图 3.42　起出公锥捞获油管并带出电缆

出油管节箍和电缆（见图 3.43 和图 3.44）、3 1/2″公锥捞获油管 1 根并带出油管节箍和电缆（见图 3.45 和图 3.46），以上 6 趟共捞获油管 9 根以及油管接箍和电缆若干，至此，封隔器上部油管已全部打捞完毕。考虑到在第 14 趟时，打捞并未带出电缆，可能的原因是封隔器鱼顶上部有电缆堆积，决定下步使用壁钩清理电缆，再套铣打捞封隔器。

图 3.43　3 1/2″铣头公锥入井前照片　　图 3.44　起出公锥捞获油管并带出电缆

 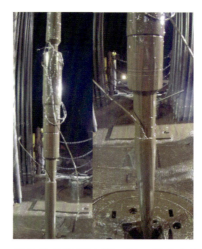

图 3.45　3 1/2″公锥入井前照片　　图 3.46　起出公锥捞获油管 1 根，带出电缆约 14 m

（9）打捞清理封隔器鱼顶上部电缆。使用 ϕ140 mm 加长壁钩及配套工具打捞清理封隔器鱼顶上部电缆，壁钩、上捞杯均有捞获电缆（见图 3.47 和图 3.48），通过累计捞获的电缆数据分析判断，封隔器鱼顶上部电缆已清理干净，下步可套铣封隔器。

图 3.47　140 mm 加长壁钩入井前照片

图 3.48　起出壁钩捞获及上捞杯捞获电缆

（10）套铣封隔器至解卡。用 ϕ146 mm 套铣管串及配套工具套铣封隔器，起套铣管柱完带出套铣工具，检查套铣鞋中度磨损，捞杯内带出封隔器上卡瓦牙残块 3 块、胶筒隔环 1 根（见图 3.49 和图 3.50），判断封隔器上卡瓦牙及封隔器胶筒已套铣完，本趟已达到解卡目的，下步可进行打捞。

图 3.49　ϕ146 mm 套铣管串入井前照片

图 3.50　起出 ϕ146 mm 套铣鞋照片及捞杯带出卡瓦牙

（11）打捞封隔器管串。使用 3 1/2″ 加长可退式捞矛及配套工具打捞封隔器残体，捞获 138.89 mm THT 永久封隔器残体（见图 3.51 和图 3.52），以及不同长度的磨铣延伸管、短油管、下提升短节、油管、校深短节、投堵球座、生产筛管共计 229.92 m，此外，下油管节箍以及封隔器下卡瓦牙随打捞一起被带出。本趟打捞未带出电缆，分析可能是因为油管内电缆全部抽出落鱼于油管鱼顶上部，遂决定接下来用壁钩打捞管柱以及清理电缆。

图 3.51　3 1/2″ 加长可退式捞矛（配 ϕ77 mm 矛瓦）入井前照片

图 3.52　起出加长可退式捞矛，检查捞获 138.89 mm THT 永久封隔器管串

（12）打捞清理电缆。打捞工具包括壁钩、外钩和套铣管柱。第 1 趟，使用 ϕ 140 mm 加长壁钩及配套工具，捞获电缆约 85 m，起出的壁钩本体被扭转 90° 且严重挤压变形（见图 3.53），此外，壁钩上接头台阶面磨损严重，下部 3 根钻铤外表面也被磨亮，其原因可能是壁钩在下钻及打捞过程中电缆上窜，在起钻时电缆在壁钩本体、壁钩大小头及钻铤处堆积缠绕，造成起钻挂卡严重所致。第 2 趟，使用 ϕ 147 mm 加长外钩及配套工具捞获碎电缆约 28 m（见图 3.54），分析下部鱼顶上部电缆仍未清理干净，下趟继续下壁钩打捞清理电缆。第 3 趟，使用 ϕ 140 mm 厚壁加长壁钩及配套工具捞获碎电缆约 35 m（见图 3.55），由于判断鱼顶上部仍然存在少量电缆，若直接使用捞筒打捞油管，可能无法入鱼，决定下步先使用套铣管柱去清理鱼顶上部及环空电缆，清理后再使用捞筒打捞。第 4 趟，使用 ϕ 146 mm 进口合金喇叭口内台阶厚壁套铣鞋套铣管柱清理油管鱼顶上部及环空电缆捞获碎电缆约 12 m，测井电缆约 1 638 m，如图 3.56 所示。

（a）　　　　　（b）　　　　　　　　（c）

（d）

图 3.53 起出 ϕ140 mm 加长壁钩，捞获电缆约 85 m，壁钩变形严重

图 3.54 ϕ147 mm 加长外钩起出捞获碎电缆 4 kg，约 28 m

图 3.55 起出 ϕ140 mm 厚壁加长壁钩捞获碎电缆 4.9 kg，约 35 m

图 3.56 ϕ146 mm 进口合金喇叭口内台阶厚壁套铣鞋起出后带出电缆

（13）打捞筛管、变扣接头、振击器管串及射孔枪管串。第 1 趟，使用 ϕ143 mm 反扣卡瓦捞筒及配套工具捞获筛管 1 根（见图 3.57），本趟未带出电缆，考虑到下部鱼顶上部应该存在电缆，决定下步使用公锥穿过电缆打捞变扣接头鱼头。第 2 趟，使用 3 1/2″ 笔尖公锥及配套工具捞获变扣和上起爆器装置共 0.55 m，测井电缆约 8 m（见图 3.58），由于公锥已带出鱼顶上部电缆并捞获上起爆装置，下步决定用母锥打捞下部鱼顶的安全枪接头。第 3 趟至第 16 趟，使用母锥及配套工具，打捞射孔枪管串共计 14 趟，其中，ϕ146 mm 反扣高强度引鞋式母锥（见图 3.59）9 趟、ϕ146 mm 反扣高强度铣齿母锥（见图 3.60）5 趟。捞获射孔枪 91 根、电缆 78 m、碎电缆若干、安全枪接头 0.2 m、射孔枪下接头以及下部射孔枪上接头，如图 3.61 和图 3.62 所示。

图 3.57　ϕ143 mm 可退式反扣卡瓦打捞筒起出捞获筛管

图 3.58　3 1/2″ 笔尖公锥入井前、起出捞获上起爆器装置及电缆

图 3.59 ϕ146 mm 反扣高强度引鞋式母锥（打捞范围 ϕ90～129 mm）入井前照片

图 3.60 ϕ146 mm 反扣高强度铣齿母锥（打捞范围 ϕ90～132 mm）入井前照片

图 3.61 起出 ϕ146 mm 反扣高强度引鞋母锥捞获射孔枪、安全枪接头并带出电缆等

图 3.62 起出 ϕ146 mm 反扣高强度铣齿母锥捞获 127 mm 射孔枪并带出碎电缆

第 17 趟，使用 3 1/2″ 反扣高强度笔尖公锥及配套工具，起出 121 mm 振击器 1.7 m，下部剩余振击器 4.1 m，本趟公锥打捞正常，振击器下击 28 次，上击 10 次，活动振击射孔枪落鱼管串无效，倒扣时扭矩较大，将振击器倒开，如图 3.63 和图 3.64 所示。

图 3.63　$3\frac{1}{2}$″ 反扣笔尖高强度公锥（打捞范围 $\phi 52 \sim 85$ mm）入井前照片

图 3.64　从 121 mm 振击器 1.7 m 处倒开

第 18 趟至第 19 趟，使用 3 1/2″ 反扣高强度加长公锥及配套工具，捞获振击器内部芯轴附件 1.47 m、振击器本体 1.42 m（见图 3.65 和图 3.66）。分析：公锥已成功抓获振击器本体，但在倒扣时未能从下部射孔枪倒开，而是从振击器处倒开，此外，带出的壳体下部鱼顶为振击器且其上部有中心杆，于是决定下步使用母锥带加长筒打捞振击器本体，再倒扣打捞。

图 3.65　3 1/2″反扣高强度加长公锥（打捞范围 ϕ 70～110 mm）入井前照片

图 3.66　起出公锥捞获振击器内部芯轴附件 1.47 m

第 20 趟至第 21 趟，用 ϕ 148 mm 反扣大范围特制高强度母锥及配套工具，打捞振击器管串及射孔枪管串，共捞获振击器 2.71 m、反扣钻铤 4 根 36.47 m、反扣笔尖高强度公锥 0.86 m、射孔枪 1 根 3.38 m（带出射孔枪下接头），如图 3.67 和图 3.69 所示。

图 3.67　ϕ 148 mm 反扣大范围特制高强度母锥（打捞范围 ϕ 110～136 mm）入井前照片

图 3.68　起出母锥捞获振击器本体 0.94 m，从振击器本体倒开

图 3.69　起出母锥捞获振击器落鱼及带出公锥捞获射孔枪

第 22 趟，用 ϕ146mm 反扣高强度母锥及配套工具，捞获射孔枪 1 根（见图 3.70 和图 3.71）。第 23 趟，用 ϕ146 mm 反扣高强度引鞋式母锥（打捞范围 ϕ90～132 mm）及配套工具，捞获射孔枪接头 2 只（见图 3.72 和图 3.73），判断下部射孔枪卡埋，直接倒扣可能存在无法倒开的风险，决定下套铣管柱清理射孔枪环空。

图 3.70　ϕ146 mm 反扣高强度母锥（打捞范围ϕ122～132 mm）入井前照片

图 3.71　起出母锥捞获 127 mm 射孔枪 1 根

图 3.72　ϕ146 mm 反扣引鞋式高强度母锥（打捞范围ϕ90～132 mm）

图 3.73　起出母锥捞获 127 mm 射孔枪接头 2 只

（14）套铣清理射孔枪环空。用 ϕ147 mm 进口合金波浪式厚壁套铣鞋及配套工具套铣清理射孔枪环空，捞获射孔枪 1 根（见图 3.74 和图 3.75）、若干铁屑，考虑到套铣至 5 011.1 m 后套铣筒将射孔枪倒开导致继续套铣无进尺，决定下步打捞已套铣完的射孔枪。

图 3.74　ϕ147 mm 进口合金波浪式厚壁套铣鞋入井前照片

图 3.75　起出套铣鞋磨损严重，套铣筒本体割痕严重，最后一根套铣筒内带出射孔枪一根

（15）套、磨铣管柱及打捞射孔枪管串。打捞射孔枪管串使用工具主要包括 ϕ146 mm 反扣高强度锯齿型引鞋母锥、ϕ146 mm 反扣高强度引鞋式母锥、ϕ148 mm 反扣高强度短鱼头锯齿型引鞋母锥、ϕ148 mm 反扣高强度短鱼头引鞋式母锥。其中：ϕ146 mm 反扣高强度锯齿型引鞋母锥（打捞范围 ϕ90～132 mm）及其配套工具 3 趟，第 1 趟捞获射孔枪 1 根 3.35 m（见图 3.76），第 2 趟捞获射孔枪下接头及上接头 2 只 0.08 m（见图 3.77），第 3 趟捞获射孔枪 1 根且带出射孔枪下接头及上接头共 3.38 m（见图 3.78）；ϕ148 mm 反扣高强度引鞋母锥（打捞范围 ϕ100～136 mm）及其配套工具 1 趟，检查发现无捞获且母锥本体直径胀裂达 2 mm；ϕ148 mm 反扣高强度短鱼头锯齿型引鞋母锥（打捞范围 ϕ110～129 mm）、ϕ148 mm 反扣高强度短鱼头引鞋式母锥（打捞范围 ϕ110～127 mm）及其配套工具各 1 趟，检查发现母锥内部有明显入鱼痕迹。

图 3.76　起出 ϕ146 mm 反扣高强度引鞋母锥捞获射孔枪 1 根

图 3.77　起出 ϕ146 mm 反扣高强度引鞋母锥捞获射孔枪下接头及上接头 2 只

图 3.78　起出 ϕ 146 mm 反扣高强度引鞋母锥捞获射孔枪 1 根

清理射孔枪环空主要使用 ϕ 148 mm 进口合金波浪式厚壁套铣鞋及配套工具，共计 4 趟，套铣鞋入井前及起出后照片如图 3.79 所示。

图 3.79　ϕ 148 mm 进口合金波浪式厚壁套铣鞋入井前及起出后照片

磨铣射孔枪使用了钻磨工具及相关配套工具，其中，ϕ 148 mm 进口合金内锥面高效磨鞋、ϕ 148 mm 进口黑合金刀翼磨鞋各一趟，这两趟起钻检查均发现磨铣鞋本体有多处横向环状划痕，捞杯内带出少量碎铁屑（见图 3.80）；ϕ 135 mm 进口黑合金领眼刀翼磨鞋一趟，检查磨鞋磨损严重，捞杯内带出碎铁屑约 0.2 kg，如图 3.81 所示。

（16）套管刮壁、全井通井。先使用 7″ 反扣刮壁器等完成刮壁管柱作业，起钻刮壁完成后下通井管柱，待通井管柱起完，通井完成。

图 3.80　起出 ϕ 148 mm 进口黑合金刀翼磨鞋照片及捞杯内带出铁屑和封隔器卡瓦牙

图 3.81　ϕ 135 mm 进口黑合金领眼刀翼磨鞋入井前和起出后照片

三、技术总结

首先，××2-24 井属于 7″小井眼打捞作业，难度较大。从时间上，从 2021 年 1 月 11 日至 2021 年 6 月 3 日完成复杂处理作业，累计处理了 144 天；从程序上，先后实施了磨铣、套铣、倒扣打捞、通井刮壁等工序，打捞复杂处理共计 74 趟钻；从井下工况上，作业第 5 天起出上部断裂油管后，发现尾部油管在公扣根部不规则断裂且丈量尾部断裂油管长度达 9.67 m、油管内堵塞钢丝且结垢严重，油管尾部带出电缆约 130 m，鱼顶为 88.9 mm FOX 油管节箍且节箍内留有公扣残体。

其次，选择合适的工具至关重要。举例如下：

（1）本井油管内存在电缆测井仪器串，交替打捞油管及电缆落鱼，也因为油管倒开后无法准确判断下部油管鱼头上部是否存在电缆落鱼，造成两趟卡瓦捞筒打捞时，鱼顶上部有电缆使捞筒提前遇阻，在清理电缆落鱼时，由于合理选用了壁钩及外钩打捞，做到了电缆打捞趟趟有收获，成功打捞出全部电缆落鱼共计 1 826 m。

（2）在封隔器上部剩余 10 根原井油管时，因每次油管倒扣后油管鱼顶上部剩余少量电缆，无法使用壁钩或外钩直接清理打捞，经分析决定使用公锥直接穿过电缆打捞油管落鱼，从而解决了油管鱼顶上部有少量电缆捞筒打捞无法入鱼和鱼顶电缆清理困难的难点，并且节约了处理时间。

（3）本井处理封隔器非常顺利，一趟钻套铣完封隔器至胶筒，一趟钻打捞倒扣出封隔器残体及油管尾管至最后一根筛管，充分说明铣鞋选择尺寸正确合理，套铣时参数及进尺把握准确，选用打捞工具合适正确。

（4）倒扣打捞至最后一根筛管时，使用卡瓦捞筒打捞成功配合振击器反复大范围振击活动解卡未成功，说明下步射孔枪落鱼管串已卡死，且射孔枪管串内仍存在电缆落鱼和测井仪器串，至此开始倒扣打捞射孔枪落鱼管串；在第 42 趟钻母锥倒扣打捞射孔枪过程中，使用 ϕ146 mm 反扣高强度引鞋母锥及其配套工具，一次捞获射孔枪 22 根，并成功卡带出测井仪器串加重杆等全部管内落鱼。

最后，及时优化方案是高效完成作业的保障。比如，本井共计捞获射孔枪 66 根，但是在套铣处理第 67 根射孔枪至 5 013.78 m 时，套铣磨铣困难，从起出工具判断该井段套管存在缩径可能性较大，后使用 135 mm 磨鞋磨铣仍然困难。检查磨鞋本体侧面磨损严重，判断该处套管可能存在缩径，若继续处理难度较大，周期较长，分析后决定暂不处理下步射孔枪落鱼，执行完井工序。

第三节　油管、绳缆、钢丝打捞技术

塔里木油田库车山前常规打捞管柱组合一般按照"可进可退"的原则，即在不发生次生事故的总体原则下，在施工中根据井下实时情况调整打捞方案。在制定打捞管柱组合时充分考虑管柱可退性、安全性、可实现性、高效性、简单化、合理化为主要原则，以防止造成二次复杂事故。组合原则：磨铣处理井下落鱼，管柱中务必增加随钻捞杯（捞杯本体外径与胎体一致，胎体略小于磨鞋本体，外径略大于落鱼外径），磨鞋一定要严格按照要求加工；在确定磨铣作业前，一定要确定配合方设备能力，以及泥浆泵排量、泥浆性能，在磨铣过程中严格控制施工参数（钻压、扭矩等）；磨铣井段不宜过长，在发现磨铣出的碎块与所用捞杯最大容积不符时及时起钻，井底清洁干净后再实施下步作业。特殊井况下磨铣套铣管柱要使用螺杆钻具；个别大斜度井可以使用套管防磨扶正器。几种常见打捞及套磨铣管柱组合[21-23]：

（1）可退式捞筒或捞矛打捞管柱组合可退式卡瓦打捞筒（捞矛）+钻杆至井口。

（2）可退式加长捞矛+循环接头+四棱扶正器+钻杆至井口。

（3）公母锥类打捞工具管柱组合反扣公锥+安全接头+循环接头+钻杆至井口。

（4）加随钻振击器时管柱结构倒扣捞筒+反扣钻杆3根+变扣接头+挠性接头+4 3/4″随钻振击器+变扣接头+钻杆至井口。

（5）磨铣管柱结构磨鞋+高强度随钻捞杯+四棱扶正器+钻铤9根+钻杆至井口。

（6）套铣管柱结构铣齿接头+铣管+大小头+高强度随钻捞杯+三棱扶正器+ϕ121 mm钻铤+钻杆至井口。

案例十三　××2-6井油管、绳缆、钢丝打捞

一、背景资料

××2-6井是一口开发井，设计井深5 172.0 m，目的层为古近系苏维依组、库木格列木群。钻探目的：开展××2气田产能建设，实施方案部署；进一步落实××2号构造，摸清目的层储层发育情况及变化特征；为方案实施优化提供依据。

该井于2007年7月25日开钻，11月6日钻至井深5 087.0 m完钻，完钻层位：古近系库木格列木群二段（未穿）。12月11日完井，完井方法：套管完井。2007年12月酸化后试油，试油层位$N_1j_5 \sim E_{1-2}$ km²，试油层段4 717.2～5 061.5 m。10 mm油嘴放喷，油压77.6 MPa，日产气86×10^4 m³，日产油86.7 t；7 mm油嘴放喷，油压86.98 MPa，日产气47.8×10^4 m³，日产油55.8 t。

该井存在的问题：① 初次完井的THT永久式封隔器及以下射孔枪串残留井内；② 地层出砂，分析认为下部生产管柱存在堵塞；③ 管柱内有钢丝落鱼，预计为2 372.76 m；④ 井下安全阀故障，液动主阀内漏，1#手动主阀无法开关。经过对该井

修井方案进行讨论，决定：挤压井、换装井口后，打捞处理原井管柱及下部残留的封隔器，重新下入完井管柱。

二、作业情况

××2-6井油管、绳缆、钢丝打捞作业内容概述如下：

（1）作业开始起至第4天，累计起原井油管463根、累计带出钢丝91.7 kg，约1 389.4 m，鱼顶深度4 492.70 m，鱼顶为油管公扣，落鱼总长142.40 m。落鱼结构：88.9 mm×6.45 mm FOX油管11根×106.48 m +上提升短节88.9 mm×6.45 mm FOX油管×1.04 m + THT永久封隔器×2.32 m +磨铣延伸管×0.3 m + 88.9 mm×7.34 mm短油管×1.42 m +下提升短节×1.03 m + 88.9 mm×6.45 mm FOX油管1根 + CCS球座0.58 m + 88.9 mm×6.45 mm生产筛管2根×19.38 m +死堵×0.17 m。

（2）打捞油管。下φ143 mm锯齿形可退式卡瓦捞筒打捞管柱入井，倒扣打捞3 1/2″油管，捞筒未到油管鱼顶深度，从前期带出钢丝情况（见图3.82），井内剩余约872 m钢丝，部分钢丝从油管内抽出，判断在油管鱼顶上部形成钢丝落鱼。

图3.82　φ143 mm锯齿形可退式卡瓦捞筒内挤满钢丝

（3）打捞钢丝落鱼。下φ140 mm内钩打捞管柱至井深4 487.16 m遇阻，在打捞过程中，内钩无法有效进入钢丝落鱼内部，起出内钩带出钢丝2.2 kg（见图3.83），分析钢丝落鱼在油管鱼顶上部已盘旋堆积，导致内钩多次旋转换方向打捞，内钩都无法有效进入钢丝落鱼内部，下步计划套铣清理鱼顶上部钢丝落鱼。

图 3.83　ϕ140 mm 内钩带出钢丝

（4）套铣清理钢丝落鱼。下 ϕ146 mm 进口套铣鞋套铣管柱入井，遇阻加压仍无法通过后接单根方钻杆开泵接单根划眼，下钻中摩阻后开始套铣，套铣进尺 10.47 m，出口返出少量铁屑，起套铣鞋套铣管柱完，检查套铣鞋下端面有 2 cm 深 ϕ87～90 mm 环状磨痕，外表面有较多不规则划痕，套铣筒内带出钢丝 6 kg、约 95 m，捞杯内带出碎钢丝及油泥 3 kg（见图 3.84），下步计划用母锥倒扣打捞油管落鱼。

图 3.84　套铣鞋出井后带出钢丝及油泥

（5）倒扣打捞 3 1/2″ 油管。下 ϕ140 mm 高强度母锥打捞管柱入井并捞获 88.9 mm × 6.45 mm FOX 油管 2 根（见图 3.85），通过对母锥打捞及倒扣情况进行分析，认为：造扣倒扣其间均没有较大扭矩，捞获的 2 根油管可能在油管倒扣其间已经倒开，且 2 根油管外壁及节箍部位有明显钢丝划痕，说明油套环空内存在钢丝落鱼。

（6）套铣清理鱼顶上部及环空钢丝落鱼。下 ϕ146 mm 进口套铣鞋套铣管柱入井，下钻至 4 502.5 m 有遇阻情况，划眼至 4 505.98 m，并且，在下探至井深 4 505.98 m 处

图 3.85 ϕ140 mm 高强度母锥捞获油管

时要旋转通过，分析此处可能为油管鱼头且鱼顶上部存在钢丝或其他杂物；起管柱完，检查套铣鞋轻微磨损，外表面有较多不规则划痕。考虑到目前已将第一根油管环空清理干净，下步可直接下打捞工具打捞。

（7）打捞 3 1/2″ 油管。下 ϕ143 mm 可退式卡瓦打捞筒打捞管柱入井，打捞两趟，共捞获 88.9 mm×6.45 mm FOX 油管 6 根，且均带出油管节箍（见图 3.86 和图 3.87），结合前期倒扣情况，分析下部油套环空内可能存在杂物较多，计划下步先套铣清理油管鱼顶及油套环空，待清理干净后再用捞筒倒扣打捞封隔器上部油管落鱼。

图 3.86 ϕ143 mm 可退式卡瓦打捞筒捞获油管

图 3.87 捞筒内部油泥杂物和油管鱼顶

（8）套铣清理鱼顶上部及环空内杂物。下 ϕ146 mm 内扶正进口套铣鞋套铣管柱至井深 4 455.5 m 处，遇阻后加压通过，继续下放管柱，遇阻加压后不能通过，上提挂卡至 80 t 并开泵接单根冲洗下放至井深 4 564.24 m，待上提下放正常后开始套铣，分析鱼顶上部套管内杂物较多，但开泵冲洗下放能通过，说明杂物为软质物体。

（9）打捞 3 1/2″ 油管。下 ϕ143 mm 可退式卡瓦打捞筒打捞管柱至井深 4 564.24 m 打捞，捞筒内带出 0.25 m 钢丝，捞获 88.9×6.45 mm FOX 油管 4 根并带出油管节箍（见图 3.88），结合前期倒扣情况，分析下部油套环空内可能存在杂物较多，下步先套铣清理油管鱼顶及油套环空。

图 3.88　ϕ143 mm 可退式卡瓦捞筒捞获油管 4 根并带出油管节箍

（10）套铣清理鱼顶上部及环空内杂物。下 ϕ146 mm 内扶正进口套铣鞋套铣管柱至井深 4 575 m，接方钻开泵下放至井深 4 583.6 m 套铣井段 4 583.6～4 593.81 m，进尺 10.21 m，起管柱完，见捞杯内带出少量钢丝及部分垢且铣鞋轻微磨损（见图 3.89）。出口返出杂物较多，分析鱼顶上部套管内杂物较多，但开泵冲洗下放能通过，说明杂物为软质物体，下步计划打捞油管节箍落鱼。

图 3.89　捞杯带出钢丝及杂物且铣鞋轻微磨损

（11）打捞 3 1/2″ 油管节箍和 3 1/2″ 油管本体。打捞两趟，均使用 ϕ143 mm 限位可退式卡瓦打捞筒。第一趟捞获 88.9 mm × 6.45 mm FOX 油管节箍 1 个（见图 3.90），第二趟捞获 88.9 mm × 6.45 mm FOX 油管 1 根（见图 3.91）。

图 3.90　ϕ143 mm 限位可退式卡瓦捞筒捞获油管节箍

图 3.91　ϕ143 mm 限位可退式卡瓦捞筒捞获油管 1 根

（12）套铣第一级 THT 永久封隔器。下 ϕ146 mm 进口套铣鞋套铣管柱入井，套铣井段 4 593.3 ~ 4 594.8 m，进尺 1.5 m，出口返出铁屑、胶皮且捞杯内带出卡瓦牙残块（见图 3.92），从进尺及出口返出物和捞杯内带出的封隔器上卡瓦牙判断，封隔器器上卡瓦牙和胶筒部分已被全部套铣清理干净，下卡瓦牙也已被破坏，满足直接打捞条件。

图 3.92　捞杯内带出卡瓦牙残块及出口返出铁屑和胶皮

（13）打捞第一级封隔器管串落鱼。下 ϕ143 mm 可退式限位卡瓦打捞筒打捞管柱入井，捞获了第一级封隔器全部落鱼（见图 3.93），并带出了油管内的钢丝仪器管串。考虑到上封隔器的残皮碎片可能掉落至下部鱼顶上部，故在下步套铣过程中做好防卡钻工作。

图 3.93　捞筒捞获封隔器落鱼管串

（14）套铣第二级 THT 永久封隔器。下 ϕ146 mm 套铣鞋套铣管柱入井，套铣井段 4 646.21 ~ 4 646.81 m，进尺 0.5 m，捞杯内带出卡瓦牙残块和少量封隔器残皮及钢丝，出口返出铁屑和胶皮（见图 3.94），出口见气说明封隔器已套铣失封，从进尺及出口返出物和捞杯内带出的封隔器上卡瓦牙判断，封隔器器上卡瓦牙和胶筒部分已被全部套铣清理干净，满足直接打捞条件。

图 3.94　捞杯内带出卡瓦牙残块及出口返出铁屑和胶皮

（15）倒扣打捞第二级封隔器管串落鱼。下 $\phi146\ mm$ 高强度反扣母锥打捞管柱，捞获第二级封隔器落鱼残体及尾管等落鱼，带出了减振器和延时起爆器，并在封隔器残体上完整带出下卡瓦牙（见图3.95），另在球座内带出上一级封隔器全部下卡瓦牙8块，检查延时起爆器下端公扣磨损严重。考虑到井下射孔管串落鱼数据尺寸不准确，故决定下步使用反扣大范围母锥打捞。

图 3.95　起出母锥捞获封隔器落鱼管串带出下两级封隔器卡瓦牙

（16）倒扣打捞射孔枪落鱼管串。下 $\phi146\ mm$ 高强度反扣母锥打捞管柱两趟，捞获安全枪转换接头 0.13 m（见图3.96）、安全枪 88.9 mm×5.28 m 以及射孔枪 127 mm×3 m（见图3.97），根据带出射孔枪下接头分析下部为夹层枪本体，分析已满足下步使用卡瓦打捞筒进行打捞的条件。

图 3.96　起出母锥捞获安全枪上接头

图 3.97　起出母锥捞获安全枪和射孔枪

（17）打捞射孔管串落鱼，打捞夹层枪鱼顶。下 ϕ143 mm 锯齿形可退式卡瓦捞筒打捞管柱至井深 4 719.5 m 循环打捞，起出捞筒捞获夹层枪 1 根，捞筒内带出少量砂（见图 3.98），卡瓦捞筒打捞成功后大范围振击活动解卡无效，分析下部 13 根 ϕ127mm 的射孔枪管串已被埋卡，直接活动无效，故计划下步使用反扣母锥倒扣打捞。

图 3.98　起出捞筒捞获夹层枪 1 根，捞筒内带出少量砂

（18）倒扣打捞射孔枪落鱼管串共计 9 趟。使用工具均为 ϕ146 mm 高强度反扣铣

齿母锥，结果统计如下：第 1 趟捞获 ϕ127 mm×4 m 射孔枪 1 根（见图 3.99），第 2 趟捞获 ϕ127 mm×3.13 m 射孔枪 1 根，第 3 趟捞获 ϕ127 mm×2.09 m 射孔枪 1 根，第 4 趟捞获 ϕ127 mm 射孔枪上接头 0.16 m（见图 3.100），第 5 趟捞获 ϕ127 mm×3.02 m 射孔枪 1 根，第 6 趟捞获 ϕ127 mm 射孔枪上接头 0.15 m，第 7 趟捞获 ϕ127 mm×4.02 m 射孔枪 1 根，第 8 趟未捞获落鱼，第 9 趟捞获射孔枪 ϕ127 mm×4.15 m 射孔枪 1 根。

图 3.99　起出母锥捞获 ϕ127 mm×4 m 射孔枪 1 根

图 3.100　起出母锥捞获射孔枪上接头 0.16 m

（19）套铣管柱清理鱼顶及环空杂物、母锥倒扣打捞射孔枪落鱼管串。

套铣清理鱼顶及环空杂物方面，出口返出硬质杂物共计约 276.5 kg，随钻捞杯内带出铁屑共计 1 kg，钢丝共计 0.74 m，具体如下：

① 下 ϕ148 mm 进口合金锯齿形套铣鞋套铣管柱，共一趟。套铣清理环空杂物比较顺利，另有分析射孔枪在井筒内相对居中，未使套铣管柱偏磨，起管柱完见套铣鞋轻微磨损，铣鞋内部有明显磨损，其套铣管柱见捞杯内带出铁屑 0.5 kg 和 ϕ3.2 mm 钢丝 0.2 m，出口返出垢、泥沙约 12 kg 及少量铁屑，如图 3.101 所示。

图 3.101　捞杯内带出铁屑和钢丝，出口返出垢、泥沙及铁屑

② 下 ϕ148 mm 进口合金波浪形套铣鞋套铣管柱，共 15 趟，除前 2 趟捞杯带出铁屑、钢丝外，其他 13 趟的随钻捞杯无杂物且返出物均为垢、泥沙、铁屑这类硬质杂物。其中：第 1 趟，因套铣鞋和套铣管内径比射孔枪落鱼外径大，故套铣较顺，起管柱见套铣鞋中度磨损、铣鞋内部有明显磨损，捞杯内带出铁屑 0.5 kg 和 2 根 ϕ3.2 mm 钢丝 0.32 m（见图 3.102）；第 2 趟，下钻提前遇阻，说明上趟钻循环后仍然有杂物沉淀，后继续套铣进尺较上趟钻慢，分析射孔枪可能存在偏磨，起管柱检查铣鞋磨损严重、铣鞋内部有明显磨损，捞杯内带出 ϕ3.2 mm 钢丝 0.22 m；第 3 趟，套铣进尺较慢，分析射孔枪可能存在偏磨，出口返出垢、泥沙及少量铁屑约 15 kg，套铣鞋中度磨损；第 4 趟，套铣返出铁屑及杂物较多约 40 kg（见图 3.103），分析落鱼鱼顶上部及环空内杂物较多，套铣鞋磨损严重；第 5 趟，套铣正常且速度较快，分析环空内存在杂物，下部环空杂物相对较为松散，出口返出垢、泥沙及铁屑约 22 kg，套铣鞋中度磨损；第 6 趟，套铣下探提前 3.1 m 遇阻，分析环空内仍然有较多杂物，在套铣过程中下部射孔枪可能存在偏磨，套铣进尺较慢，出口返出垢、泥

沙及铁屑约 20 kg，套铣鞋磨损严重；第 7 趟，下探提前 1.2 m 遇阻，分析环空内仍然有较多杂物，套铣过程较顺，分析硬质杂物较少，出口返出垢、泥沙及铁屑约 20 kg，套铣鞋磨损严重；第 8、9 趟，套铣均比较顺利，出口返出垢、铁屑等硬质杂物分别约为 23 kg、20 kg；第 10 趟，套铣时较前期套铣扭矩较大，起出检查铣鞋有掰裂情况，分析下部环空内可能还有硬质杂物，或射孔枪存在变形点，出口返出硬质杂物约 22 kg；第 11～15 趟，套铣时小钻压小扭矩作业，套铣均正常，5 趟返出垢、泥沙及铁屑共计约 82.5 kg。

图 3.102　铣鞋内部有明显磨损，出口返出物以及捞杯带出铁屑和钢丝

图 3.103　套铣鞋磨损严重，返出杂物多，约 40 kg

母锥打捞射孔枪落鱼管串方面，使用工具和捞获情况如下：下 ϕ146 mm 高强度反扣铣齿母锥 8 趟，捞获物包括 ϕ127 mm 射孔枪共 8 根、射孔枪下接头 0.15 m、射孔枪上接头 0.15 m×2、夹层枪 1 根。其中一趟捞获下接头 ×0.15 m + 射孔枪 ϕ127 mm×3.0 m + 射孔枪上接头 ×0.15 m，其照片如图 3.104 所示。

下 ϕ148 mm 高强度反扣铣齿母锥 7 趟，捞获物包括 ϕ127 mm 射孔枪共 7 根、ϕ89 mm 夹层枪 2 根。其中一趟捞获 ϕ127 mm×3.13 m + 射孔枪 ϕ127 mm×2.05 m + 夹层枪 ϕ89 mm×3.14 m，其照片如图 3.105 所示。

图 3.104　母锥捞获射的孔枪下接头、ϕ127 mm 射孔枪和射孔枪上接头

图 3.105　捞获射孔枪ϕ127 mm×3.13 m＋射孔枪ϕ127 mm×2.05 m＋夹层枪ϕ89 mm×3.14 m

下ϕ146 mm 高强度反扣母锥一趟，捞获捞获射孔枪ϕ127 mm×3.15 m，如图 3.106 所示。

图 3.106　捞获射孔枪ϕ127 mm×3.15 m

（20）打捞射孔管串落鱼，打捞夹层枪鱼顶。下ϕ143 mm 锯齿形可退式卡瓦捞筒打捞管柱，捞获ϕ89 mm 夹层枪 5.04 m，如图 3.107 所示。

图 3.107　起出捞筒捞获夹层枪 1 根 5.04 m

三、技术总结

本次施工从 2018 年 6 月 17 日至 2018 年 10 月 2 日，累计处理 108 天。先后实施了油管倒扣、打捞钢丝，套铣打捞封隔器、套铣倒扣打捞射孔枪等工序，打捞复杂处理共计 61 趟钻，共捞获射孔枪 29 根，累计长度 94 m，有效射孔长度 52.819 m，此外，本井油管倒扣效果较好，倒扣起出原井油管 463 根，累计带出钢丝 91.7 kg、约 1 389.4 m。

施工问题：套铣倒扣打捞射孔枪用时较长，这主要是因为射孔枪外径较大，环空埋卡，套管内径限制，无法加工高抗扭铣管，以及长铣管清理射孔枪环空杂物所致。

（1）入井前先经过充分研讨是打捞服务成功的保障，先充分研讨、分析井下落鱼情况，拟定各方认同的施工方案，判断井下状况后正确选取合适的打捞工具。

（2）两级封隔器的顺利处理，与措施得当、精细操作控制进尺及打捞分不开。处理两级封隔器时均套铣一趟打捞一趟即处理出两级封隔器，并带出两级封隔器的全部下卡瓦牙和所有管内钢丝测井仪器串落鱼，为后期直接倒扣打捞射孔枪落鱼管串提供了良好条件。

案例十四　××202 井油管、绳缆、钢丝打捞

一、背景资料

××202 井是一口评价井，设计井深 5 400.00 m，目的层：上第三系吉迪克组、下第三系。该井于 2001 年 6 月 4 日开钻，2002 年 4 月 5 日钻进至井深 5 330.00 m 完钻，完钻层位：白垩系。

2002 年 5 月 14 日—9 月 9 日进行试油作业，共试油 5 层，均获工业油气流，2005 年 6 月 16—12 月 11 日第二次试油后下完井管柱后关井。2005 年 12 月 9 日，上提试井电缆，发现电缆多处断丝，电缆卡在防喷控制头阻流管内，无法提出（上提电缆张力为 9.7 kN），切断电缆，井下落物：压力计 2 只、加重杆、绳帽头、扶正器以及电缆若干。2009 年 7 月 1 日开井投产，投产后多次出现因油嘴发生堵塞造成产量波动较大，并呈现产量下降趋势，3 次检查油嘴均发现大量电缆丝。2010 年 3 月 13 日晚上油压发生突降现象，3 min 内油压由 59.11 MPa 下降至 13.41 MPa，日产气降为 6×10^4 m³ 左右，经分析判断为井下落物堵塞油管通道，3 月 13 日关井未再生产。

主要作业史：① 2012 年对该井实施修井作业，注灰打水泥塞（水泥塞面 2 445.5 m），切割油管（切割位置 79 m），起出井下安全阀及以上全部管柱，落鱼对扣，采用小油管钻磨井筒内落鱼、循环洗井返出的方式，钻穿水泥塞并控压钻磨电缆堵塞物至工程深度 3 182.86 m，后因卡钻无法继续钻磨，在油管内 2 774.0 ~ 3 106.0 m 注水泥塞封井；② 2019 年 7 月 11 日到 8 月 4 日连续油管钻塞作业，最大疏通深度 3 183.77 m，最后一次遇阻深度 2 836.44 m，疏通至 3 183.77 m 后，最后一次测试 8 mm 油嘴放喷，油压 19.84 MPa，折日产气 11.8×10^4 m³，疏通其间，累积出砂、水泥颗粒 94.8 L，振动筛累计捕获水泥粉末 684 L，切割两次，第一次 3 130.02 m 切割失败，第二次 2 833.80 m 切割成功。

该井存在问题：① 井筒内有落鱼（2005 年测试产生落鱼：压力计 2 只，长 0.25 mm × 2 m，加重杆长 13.65 m，绳帽头 0.35 m，扶正器 0.75 m，电缆 1 749.75 m）；② 2019 年连续油管钻塞作业最大疏通深度 3 183.77 m，最后一次遇阻深度 2 836.44 m。

二、作业情况

××202 井油管、绳缆、钢丝打捞作业简述如下：

（1）打捞切割点以下原井生产管柱。使用 ϕ143 mm 锯齿形引鞋卡瓦捞筒，起出捞筒后发现捞筒引鞋处有轻微磨痕，卡瓦牙下端 2 ~ 3 cm 处牙尖磨平，分析为下部鱼顶变形较为严重，落鱼未能完全进入工具内腔，无法抓获落鱼导致打捞失效，下步计划采取磨鞋修整鱼头。

（2）磨铣修整鱼顶。使用 ϕ146-50 mm/125 mm 进口合金高效喇叭口磨鞋及配套工具，钻磨井段 2 852.85 ~ 2 853.05 m，进尺 0.20 m，出口返出少量铁屑，捞杯带出微量铁屑，喇叭口磨鞋 ϕ89 mm 部位有明显的磨痕，判断鱼顶修整到位并已达到打捞要求，下步计划采取使用卡瓦捞筒打捞。

（3）打捞切割点以下原井生产管柱。下 ϕ143 mm 锯齿形引鞋卡瓦捞筒打捞管柱，捞获落鱼 3 1/2″ FOX 油管残体 0.96 m + 油管 30 根 + 油管残体 7.67 m（见图 3.108），油管残体切割口平整，无明显缩径，预计鱼顶深度为 3 151.48 m，达到了本次打捞目的，下步继续使用卡瓦捞筒打捞下部落鱼。

图 3.108　入井捞筒及旁通阀、出井捞筒及捞获油管尾部照片

（4）打捞封隔器以上剩余原井管柱。打捞 9 趟，其中：ϕ143 mm 大引鞋卡瓦捞筒打捞管柱 5 趟，捞获 3 1/2″ FOX×6.45 mm 油管共 113 根（其中第 1 趟捞获落鱼油管 87 根，见图 3.109）、3 1/2″ FOX 油管残体 2.01 m；ϕ143 mm 锯齿形大引鞋卡瓦捞筒 1 趟，捞获 3 1/2″ FOX×6.45 mm 油管 1 根（见图 3.110）；ϕ143 mm 大引鞋高抗拉卡瓦捞筒打捞管柱 3 趟，捞获 3 1/2″ FOX×6.45 mm 油管共计 13 根（其中第 1 趟捞获落鱼油管 9 根，见图 3.111）。

图 3.109　ϕ143 mm 大引鞋卡瓦捞筒入、出井照片

图 3.110 ϕ143 mm 锯齿形大引鞋卡瓦捞筒入、出井照片

图 3.111 ϕ143 mm 大引鞋高抗拉卡瓦捞筒入、出井照片

（5）清理管柱环空，为下步打捞创造条件。下 ϕ140/121 mm 割齿铣鞋套铣管柱，套铣井段 4 349.87～4 380.21 m，套铣进尺 30.34 m，由于本趟施工目的已达到，下步使用卡瓦捞筒继续打捞剩余油管。

（6）打捞封隔器以上剩余原井管柱。打捞 3 趟，其中：ϕ143 mm 大引鞋高抗拉卡瓦捞筒打捞管柱 1 趟，未捞获落鱼，卡瓦牙有轻微磨损，落鱼有明显穿过卡瓦牙痕迹，分析造成打捞失败的原因是下部落鱼存在轻微缩径，导致倒扣过程中卡瓦未能抱死落鱼打滑，下步使用卡瓦捞筒并安装小一号卡瓦（ϕ85 mm 蓝瓦）继续打捞剩余油管；ϕ143 mm 大引鞋高抗拉卡瓦捞筒打捞管柱（内装ϕ85 mm 蓝瓦）1 趟，捞获 3 1/2″ FOX × 6.45 mm 油管 3 根；ϕ143 mm 大引鞋高抗拉卡瓦捞筒打捞管柱（内装ϕ86 mm 蓝瓦）1 趟，捞获 3 1/2″ FOX × 6.45 mm 油管 1 根、3 1/2″ FOX × 6.45 mm 短油管 2 根。

（7）套铣封隔器。下ϕ146/115 mm 进口合金波浪形套铣鞋套铣管柱入井，套铣井段 4 395.60 ~ 4 395.65 m，进尺 0.6 m，返出细砂粒、铁屑约 10 L，双捞杯内带出少量铁屑及封隔器卡瓦牙残体 2 块（见图 3.112），下步继续使用卡瓦捞筒打捞剩余油管及封隔器残体。

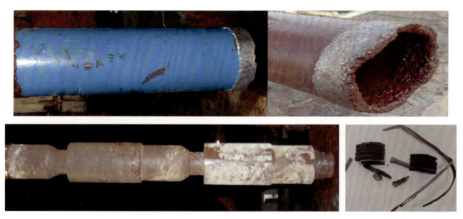

图 3.112　进口合金波浪式套铣鞋、双捞杯内带出的部分铁屑及卡瓦牙残体照片

（8）打捞剩余原井管柱及封隔器残体。下ϕ143 mm 大引鞋高抗拉卡瓦捞筒（配ϕ85 mm 蓝瓦）打捞管柱入井，捞获：3 1/2″ FOX × 6.45 mm 短油管 1 根 2 m + 7″ THT 封隔器 2.34 m + 3 1/2″ FOX 磨铣延伸管 1.99″ + 3 1/2″ FOX × 6.45 mm 油管 6 根 58.02 m + 3 1/2″ FOX 管鞋式剪切球座，如图 3.113 所示。

（9）打捞落井电缆。打捞 4 趟，其中：ϕ102 mm 侧开式壁钩打捞管柱 2 趟，捞获电缆残体共计约 7 m，ϕ102 mm 随钻捞杯带出少量铁块碎屑、封隔器卡瓦 1 块、少量水泥块及 40 mm × 81 mm 胶皮 1 块，ϕ140mm 随钻捞杯内带出封隔器卡瓦 1 块（见图 3.114）；ϕ104 mm 侧水眼厚托盘外钩打捞管柱 1 趟，未捞获电缆，ϕ102 mm 随钻捞杯

图 3.113　φ143mm 大引鞋高抗拉卡瓦捞筒以及捞获封隔器和管鞋式剪切球座照片

内带出少量水泥块及铁屑（见图 3.115）；φ104/72 mm 内台阶进口合金喇叭口套铣鞋套铣管柱 1 趟，套铣进尺 4.6 m，φ140 mm 随钻捞杯内带出铁屑、电缆钢丝及水泥块约 1.2 kg，φ102 mm 随钻捞杯内带出铁屑、电缆钢丝及电缆残体约 0.6 kg，套铣鞋内带出封隔器卡瓦牙残体、电缆残体以及扶正器、绳帽头及加重杆残体总质量 12.7 kg，如图 3.116 和图 3.117 所示。

图 3.114　φ102 mm 侧开式壁钩和随钻捞杯捞获钢丝、胶皮及水泥块并带出卡瓦牙和碎铁块

图 3.115　入井 ϕ104 mm 侧水眼厚托盘外钩和随钻捞杯、出井外钩及其下部磨痕

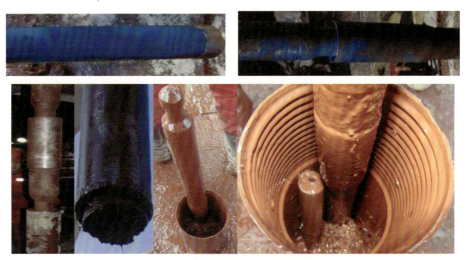

图 3.116　ϕ104 mm 内台阶喇叭口套铣鞋、捞杯以及起出工具底部及卸开后内部捞获落鱼状态

图 3.117　铣鞋捞获的落鱼、捞杯内捞获的电缆残体及碎铁屑照片

（10）打捞落井加重杆等落物。打捞 5 趟，具体如下：

第 1 趟：下 ϕ104/78 mm 内台阶进口合金喇叭口套铣鞋套铣管柱，套铣井段 5 030.43～5 037.22 m，捞获情况：ϕ140 mm 捞杯内带出铁屑 0.66 kg、ϕ102 mm 捞杯内带出铁屑和电缆钢丝 0.52 kg、套铣鞋闭窗捞筒组合工具内带出碎铅块总质量 15.4 kg 及 1 根较为完整加重杆 ϕ51 mm×1.18 m，其质量为 24.6 kg，本次捞获落鱼总质量为 41.18 kg，如图 3.118 和图 3.119 所示。

图 3.118　入井铣鞋闭窗捞筒组合工具及捞杯、起出工具底部以及铣管内带出加重杆照片

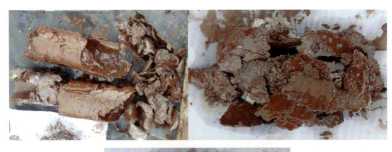

图 3.119　闭窗捞筒内带出部分落鱼以及捞杯内带出落鱼铁屑照片

第 2 趟：下 ϕ 104/72 mm 内台阶进口合金喇叭口套铣鞋套铣管柱，套铣井段 5 033.43～5 036.43 m，捞获情况：ϕ 140 mm 捞杯内带出铁屑、电缆钢丝 0.7 kg，ϕ 102 mm 捞杯内带出铁屑 1.48 kg，捞获加重杆残体在铣鞋内重叠挤死，套铣管及套铣鞋本体有多处横向划痕，切开铣鞋后称重见碎铅块总质量约为 25.34 kg，本次捞获落鱼总质量为 27.52 kg，如图 3.120 所示。

图 3.120　入井套铣鞋及大小捞杯、起出工具底部、切开后内部捞获落鱼状态及捞获落鱼照片

第 3 趟：下 ϕ 104/78 mm 内台阶进口合金喇叭口套铣鞋套铣管柱，套铣井段

5 036.67 ～ 5 038.17 m，捞获情况：ϕ140 mm 捞杯内带出铁屑和电缆钢丝 0.3 kg，ϕ102 mm 捞杯内带出加重杆壳体残片和碎铅块 1.36 kg，套铣鞋闭窗捞筒组合工具内捞获加重杆残体和碎铅块总质量约为 35.02 kg，本次捞获落鱼总质量约为 36.68 kg，如图 3.121 所示。

图 3.121　铣鞋闭窗捞筒及捞杯、工具底部及内腔状态、捞杯带出物工具内落鱼、割痕铣管

第 4 趟：下 ϕ104/80 mm 内台阶进口合金喇叭口套铣鞋套铣管柱，套铣井段 5 037.77 ～ 5 039.21 m，捞获情况：ϕ140 mm 捞杯内带出铁屑和电缆钢丝 0.62 kg，ϕ102 mm 捞杯内带出加重杆壳体残片和碎铅块 4.14 kg，套铣鞋闭窗捞筒组合工具内捞获加重杆残体和碎铅块总质量为 10.5 kg，本次捞获落鱼总质量为 15.26 kg，如图 3.122 所示。

图 3.122　铣鞋闭窗捞筒及打捞杯、工具底部及穿孔状态、捞杯带出物、工具内落鱼照片

第 5 趟：下 ϕ 102/77～80 mm 内锥形进口合金波浪套铣鞋套铣管柱，套铣井段 5 039.21～5 051.90 m，起套铣打捞管柱完，带出套铣管及套铣鞋，检查套铣鞋磨损严重，铣鞋本体多处严重划痕（卸扣过程中直接扭断），套铣管内被加重杆、碎铅块残体挤死，套铣管本体有多处横向严重划痕（见图 3.123），清理落鱼，发现：ϕ 140 mm 捞杯内带出铁屑、电缆钢丝 0.2 kg，ϕ 102 mm 捞杯内带出加重杆壳体残片和碎铅块 4.5 kg，套铣夹带出管鞋式剪切球座残体 1 块，质量为 1 kg（见图 3.124），套铣管内带出加重杆残体长 5 m，总质量为 98.8 kg（见图 3.125），本次捞获落鱼总质量为 104.5 kg。

图 3.123 波浪套铣鞋及捞杯、套铣鞋底部捞获落鱼状态及铣鞋断口、套铣管刮痕照片

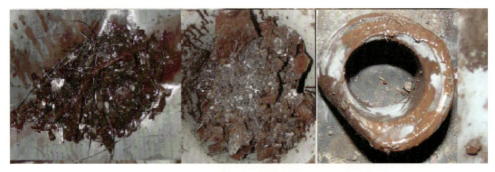

图 3.124 捞杯带出物、管鞋式剪切球座残体

图 3.125 捞获的加重杆残体长 5m，总重 98.8kg（三节原来丝扣相连，后卸开）

（11）通井。共 2 趟，分别下 ϕ146 mm 进口合金凹底磨鞋通井管柱、ϕ102 mm 进口合金刀翼磨鞋通井管柱，其中：第 1 趟，在施工中进行了磨铣操作，出口中返出少量铁屑，判断应该到达了 5″ 套管悬挂器，此外，分析未能到达 5″ 套管悬挂器 4 478.57 m 的原因有可能是钻具丈量误差及管柱在泥浆中的伸长量的影响；第 2 趟，起通井管柱后检查发现捞杯内带出碎铁屑 0.38 kg。

（12）刮壁。共两趟，分别下 7″ 套管刮壁器刮壁管柱、5″ 刮壁器刮壁管柱，两趟施工过程中均返出井壁污垢（内含微量铁屑），起出刮壁管柱检查检查工具均完好，附件均齐全。

（13）打捞落井压力计等落物。使用 ϕ104/78 mm 进口合金内台阶套铣鞋及 ϕ102/31 mm 闭窗捞筒组合工具（见图 3.126），对井段 5 051.9 ~ 5 052.1 m 进行了套铣作业，在清理落鱼时发现：ϕ102 mm 捞杯内带出加重杆壳体残片、碎铁块质量为 0.8 kg，闭窗捞筒组合工具捞获机桥残体 1 件，残体最大直径 ϕ80 mm，长度 0.185 m（见图 3.127），判断捞获井下全部落鱼，但仍有碎块残体存在，下趟清理井底。

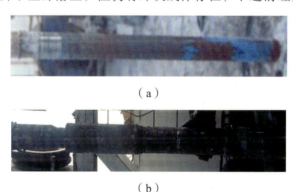

（a）

（b）

图 3.126　入井套铣鞋闭窗捞筒组合工具和入井随钻打捞杯

图 3.127　出井工具底部状态、捞杯带出碎铁皮、闭窗捞筒组合工具捞获的机桥残体照片

（14）清理井底。下 ϕ102 mm 磨鞋清理井底管柱至井深 5 052.1 m，遇阻后循环洗井，起完管柱带出 ϕ102 mm 进口合金刀翼磨鞋，发现鞋磨损严重，由于长时间在井内

循环冲洗，致使工具水眼由 $\phi 17$ mm 冲刺至 $\phi 19.5$ mm，$\phi 102$ mm 随钻打捞杯内带出少量井壁污垢，达到施工目的，完成本井施工任务。

三、技术总结

××202 井油管、绳缆、钢丝打捞复杂处理作业从 2019 年 11 月 10 日至 2020 年 3 月 10 日，累计经历了 122 天。先后实施了磨铣、套铣、倒扣打捞、通井刮壁等工序，打捞复杂处理共计 33 趟钻。通过分析判断井下落鱼情况，其次，正确采取合适合理的打捞工具并优化打捞方案及施工参数，优质安全高效地完成了本井的打捞施工任务。现将本井经验总结如下：

（1）入井前对工具的选择至关重要。在作业期间，由于井下复杂，难度较大，在每一趟工具入井前，现场负责人员都要针对井下情况及出井工具认真分析，对井下状况作出合理的判断，充分研讨后做出各方认可的施工方案，在入井工具的选型上作出统一可行的意见才能入井。举例说明如下：

① 本井处理封隔器非常顺利（一趟钻套铣完封隔器至胶筒，一趟钻打捞出剩余油管及封隔器残体），这与铣鞋尺寸正确且合理的选择分不开，顺利施工得益于套铣时参数及进尺把握准确和选用打捞工具的合适正确。

② 由于从第 19 趟开始目标任务是打捞电缆及测试仪器、加重杆等落物，在第 19 趟，使用了侧开式壁钩打捞电缆。在井深 4 817.43 m 处遇阻，在同等钻压 80 kN 的情况下，多次调整方位下放加压，深度由 4 817.88 m 逐步加深至井深 4 818.43 m，泵压也发生了上升变化，说明落鱼已经顶到壁钩接头处，但起出工具后，只捞获少量钢丝，没有达到预期目标。经分析研究，认为壁钩侧开度较小，影响了打捞效果。经过重新改进加工工具，使侧开式壁钩钩体露出钩壁外沿，之后分别使用了改进后的侧开式壁钩、大托盘式外钩打捞电缆但效果均不理想。根据随钻打捞杯内带出少量水泥块及铁屑，外钩底部明显磨痕及壁钩钩体明显压槽，分析下部杂物过多（封隔器卡瓦牙、胶皮碎电缆等），电缆腐蚀严重，壁钩、外钩无法顺利挂住腐蚀严重的电缆，造成打捞困难，使用钩类工具已经无法满足下部打捞施工要求。

③ 在第 22 趟采取使用套铣管柱套铣收鱼，捞获封隔器卡瓦牙残体 5 块，电缆残体 2 团，扶正器、绳帽头及加重杆残体（碎铅块）12.7 kg，取得了较好的效果。连续使用了 6 趟内台阶进口合金喇叭口套铣鞋、套铣鞋闭窗捞筒组合工具套铣收鱼，顺利

从 4 819.15 m 处理至井深 5 051.90 m，捞获碎电缆、碎铁块及加重杆残体（碎铅块）总质量为 2 38.46 kg。

④ 由于未见测试压力计，在通井刮壁完成后，再次实施使用套铣鞋、闭窗捞筒组合工具打捞残留落鱼，捞获加重杆壳体残片、碎铁块 0.8 kg，机桥残体 1 件，残体最大直径 ϕ 80 mm，长度 0.185 m，判断已捞获井下全部落鱼，但仍有少量碎块残体存在，下磨鞋清理井底，顺利完成了该井的施工任务。

（2）鱼顶深度的确定为作业提供数据保障。本井于 2019 年 11 月 16 日起出切割点以上油管，丈量切割油管长度为 8.5 m，剩余残体 1.16 m，切割口较为平整，一侧有明显变形，鱼顶为 3 1/2″ FOX × 6.45 mm 油管本体残体，计算鱼顶深度在 2 852.85 m 左右，从井控安全考虑冒进使用捞筒打捞，未能入鱼，但确定了鱼顶深度，为下步施工提供了基本的数据保障。

（3）打捞施工过程中其他情况总结概述如下：① 第 7、8、9 趟均捞获油管 1 根，原因应为第 7 趟井深 4 195.7 m 打捞开始，落鱼被泥浆沉淀及有机盐结晶分段埋死，造成扭矩无法向下传递，给打捞倒扣制造了一定困难；② 第 10 趟卡点应在第 1 根落鱼上，抓获落鱼倒扣成功后，捞获油管 9 根，但上提管柱存在 40 kN 磨阻力；③ 第 11、12 趟共捞获油管 4 根，在施工进展不快的情况下，结合各方意见，使用了套铣管柱清理环空；④ 第 13 趟套铣过程中，部分井段处于无钻压无扭矩状态，但有部分井段在套铣过程中产生较大扭矩（超过正常扭矩 2～4 kN·m），说明下部落鱼分段填埋较死，验证了前期打捞过程中的一些判断，并且在套铣完成后套铣鞋提出鱼头，下放无法入鱼，需旋转管柱方可入鱼，说明鱼顶目前不居中；⑤ 第 14 趟未捞获落鱼，拆卸捞筒检查，卡瓦牙有轻微磨损，落鱼有明显穿过卡瓦牙痕迹，怀疑下部落鱼存在缩径（油管腐蚀以及套铣过程中油管不居中对油管的损伤），导致倒扣过程中卡瓦未能抱死落鱼打滑，造成打捞失败，而在第 15 趟时，虽继续使用了卡瓦捞筒，但采用的是小一号的卡瓦（ϕ 85 mm 蓝瓦），使得打捞获得成功。

第四章　高压气井井口及附件带压更换技术

　　塔里木盆地作为"西气东输"的主力气源地，围绕以 KL2、DN 2、YH 为代表的国内高压气田高效开发，单井地层压力高达 74～106 MPa，产量高达（50～450）× 10^4 m³/d，井下均采用了 HP-13Cr 材质油管（含 13% Cr，材质相对较软），井口采用 Cameron（卡麦龙）、WOM 等公司进口的采气树，受到高速气流的冲击以及 Cl⁻、CO_2 腐蚀等影响，井口采气树在长期服役过程中产生冲蚀、腐蚀，一旦采气树出现泄漏，将是严重的事故隐患，必须及时更换或维修。就目前国内技术状况而言，整体更换采气树一般采用压井成功后再更换采气树的方法，但该方法存在以下缺点：其一，如果井内存在渗漏，则该井无法在压稳状态下更换采气树；其二，压井后容易诱发气侵，在作业过程中可能发生井涌或井喷事故，塔里木油田 KL2 和 DN2 区块地层压力 74～106 MPa，气侵速度相对较快，井喷后果难以预计；其三，压井液会对产层造成伤害，导致油（气）产量降低，甚至造成孔隙堵塞而不能生产，部分区块孔隙度一般为 6%～12%，渗透率一般为（0.1～10）× 10^{-3} μm²，压井施工会造成地层伤害，严重影响单井产量；其四，更换作业完成后替喷排液作业工艺复杂，可能会造成严重的环境污染。相对于传统压井更换采气树技术，采用带压作业换装采气树能有效地规避风险，能防止压井液对储层的伤害，能避免环境污染，能提高换阀作业效率和经济效益。但是，采用带压作业换装采气树的前提条件是要阻断井底气流，即在井下油管与井口油管挂间的某一位置处下堵塞阀，阻断井底气流后换装采气树。国内采气树生产厂家参照国外采气树生产经验，在油管挂处配有配套的背压阀，形成了一道安全屏障，适用于低压油井（井口压力≤35 MPa，产气量 15×10^4 m³/d）的采气树阀门更换，但对于高产高压气井井口（井口压力 54～70 MPa，产气量 150×10^4 m³/d）采气树的更换，还没有完善的更换方案和案例。

第一节　高压气井带压更换采气树技术

　　采气树在生产使用过程中常因气井流体带出的井筒杂质、腐蚀、机械故障灯原因造成闸阀盘根泄漏、阀杆升降失灵等故障。这些故障有的可以通过定期保养，加注密封脂、润滑脂、清洗液等措施在线整改，无法在线整改的就得将闸阀整体更换。闸阀更换作业以更换1号主阀和采气树整体更换作业较为复杂、特殊，因为这种情况井口往往处于失控状态。常规采气树更换作业需要进行压井，压井作业不仅时间长、耗资大，而且作业后容易造成储层污染，导致气井减产，甚至停产，影响整个气田产能。为了避免压井造成储层二次污染，节约作业费用，缩短作业周期，研究形成了带压更换采气树工艺技术。

带压更换采气树主要分为两种情况：① 采气树内不能安装堵塞器的气井，需在油管内下入专用的堵塞工具，但这种情况安全系数低，适合低压气井；② 采气树内可以安装堵塞器的气井，可以实现带压安装、拆卸背压阀（或堵塞器），实现不压井更换采气树。这种工艺一般耐压级别高。但对于"三高"（高压、高产、高含硫）气井，任何微量的泄漏都有可能造成较大的损失。因此，高含硫气井带压更换采气树技术与常规气井不同之处在于作业的安全保障，如何确保施工安全是"三高"气井带压更换采气树的关键[24]。

案例十五　××205井带压更换采气树

一、背景资料

××205井地面海拔高度为1 520.38 m，井深4 050 m，于2004年11月投产，2006年井口关井油压60 MPa，平均日产天然气150×10⁴ m³，是典型的"三高"（高压、高产、高含硫）气井，同时也是××2气田最早投入生产的一口气井。2007年，作为"西气东输"主力的××2气田的17口采气单井之一，××205井日产天然气量150×10⁴ m³。

××205井口型号为105 MPa-78/78，1号总阀及以下是Cameron（卡麦龙）产品，1号总阀以上是美国钻采产品，材质为EE级，左生产翼为"15 000 psi 3 1/16″闸阀 + 15 000 psi 3 1/16″安全阀"，右翼为15 000 psi 3 1/16″闸阀（1 psi ≈ 6.89 kPa）。××205井井口装置因长时间生产和防腐级别低（××2气田CO_2含量为0.55%~0.74%），采气树已经出现两处法兰腐蚀渗漏点（见图4.1），采气树内部很可能已受到严重腐蚀、冲蚀，单井井口存在严重隐患。2006年该井被列为重点治理的"三高"隐患井，隐患治理的目标是将×205井油管帽及以上部分全部更换为FF级以上材质的采气树。

曾经渗漏点

图 4.1　×× 205 井井口装置

　　×× 205 井带压换装采气树方案：×× 205 井油管挂的通径为 76 mm，4 1/2″ 油管内径为 95 mm，上小下大的结构决定了在油管内下堵塞阀的方法不可行，于是租用了 Cameron 公司不压井换装采气树工具，主要包括 3″ 背压阀及配套送入、起出工具，通过带压送入背压阀来阻断井底气流后，关闭井下安全阀，换装采气树，再带压取出背压阀，开井下安全阀后恢复气井生产。不压井换装采气树施工方案依据以下标准：①《井口装置和采油树规范》（SY/T 5127—2002）；②《井口装置和采油树设备规范》（API Spec 6A）；③ 塔里木油田 2007 年井控实施细则。不压井换装采气树主体施工方案为：关闭井下安全阀作为第一道安全屏障，在油管挂内下入 3″ 背压阀作为第二道安全屏障。

二、作业情况

1. 工具简介

　　根据上述方案，选取不压井换装采气树工具如下：

　　（1）背压阀。

　　通过背压阀外螺纹与油管挂内的 BPV 螺纹相互啮合，实现背压阀的锚定，再用背压阀自身内、外密封机构来阻断井下气流，达到不压井更换装采气树的目的。解封时，以旋合螺纹的方式让取送工具和背压阀（见图 4.2）连接，在旋合过程顶开背压阀的阀芯，使背压阀上下压力平衡。在取送工具抓牢背压阀后再通过摩擦扳手以机械旋转方式使背压阀外部反旋螺纹退扣，解除背压阀的锚定。

（a）背压阀及送入工具　　　　　　　　（b）背压阀及取出工具

图 4.2　背压阀送入及取出工具

背压阀技术参数如下：

规格：3″ H-BPV；

设计双向压差：70 MPa；

工作介质：钻井液、原油、天然气。

（2）其他配套工具。

① 防喷管（见图 4.3）：内装传送杆，开井时井下气流充满内腔，两根防喷管之间利用活接头连接，金属密封，顶端为悬挂吊环。

图 4.3　防喷管

② 传送杆（见图 4.4）：装在防喷管内，负责将背压阀送达与起出，下端空心并有插销孔。

图 4.4　传送杆

③ 摩擦扳手（见图 4.5）：使用时打在传送杆上，用来送入、起出、旋转传送杆。

图 4.5　摩擦扳手

④ 压力平衡调节阀（见图 4.6）：装在防喷管下部，1# 针阀为压力表接口或液压传送接口，2# 针阀为放空接口，3#、4# 针阀起到上下连通、隔断的作用。

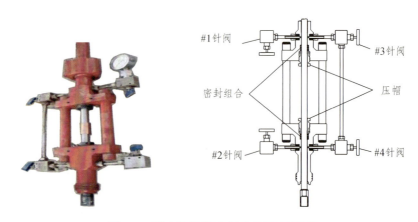

图 4.6　压力平衡调节阀实物及示意图

⑤ 由壬法兰（见图 4.7）：上端连接防喷管，下端连接井口阀门，属中间过渡连接部件。

图 4.7　由壬法兰实物

⑥ 送入接头（见图 4.8）：光杆端插入传送杆下端内孔，螺纹滑套端与背压阀内螺纹相连，用于换阀前背压阀的送进过程。

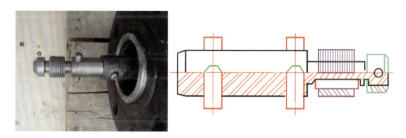

图 4.8　送入接头及其示意图

⑦ 取出接头（见图 4.9）：光杆端插入传送杆下端内孔，螺纹端与背压阀内螺纹相连，用于背压阀的取出过程，其与背压阀连接好后，顶通背压阀内部机构，实现背压阀上下压力平衡。

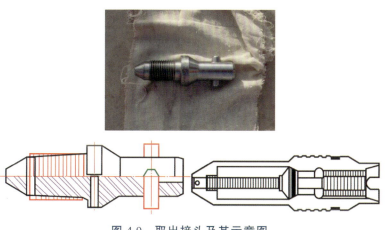

图 4.9　取出接头及其示意图

2．施工步骤

××205井带压更换采气树作业施工步骤如下：

（1）检查现场工具、材料、设备是否齐全，搭建作业平台；

（2）检查采气树各部位的密封情况、螺栓、顶丝的松紧情况，拆除影响施工的管线等；

（3）检查井下安全阀的密封情况、开关灵活情况；

（4）按顺序依次检查采气树各道阀门的开关灵活情况及密封情况；

（5）对采气树主通径进行通径；

（6）送入背压阀并坐封丢手；

（7）关闭井下安全阀；

（8）换装新采气树油管帽及以上部分（换装前调试好主通径阀门阀板位置，使其处于全通径状态），注意保护井下安全阀控制管线；

（9）取出背压阀；

（10）打开井下安全阀；

（11）恢复油气井生产流程，开井生产。

3．现场施工简况

作业前首先测得关井井口压力为 60 MPa，然后关闭井下安全阀，将井下安全阀上部压力泄净，测试井下安全阀关闭后的密封性能，尽可能降低施工时井口压力，经过初步评估，可满足安全作业要求。逐一松开采气树油管帽螺丝，确保施工时能顺利拆卸，然后再按规定上紧，拆出井口各温变、压变传输线和井口所有管线，搭建井口操作平台，组织各施工单位进行施工交底和开展安全风险分析，对作业所用工具进行调试及试压。经过现场模拟作业，为了降低作业难度，同时进一步减小通径风险，决定正式作业之前，拆除原采油树小四通部分；将背压阀与送入工具相连，安装防喷管试压合格，下入背压阀，泄掉上部压力后，拆原采油树盖法兰，抬井口，换装新采气树油管帽及以上部分（换装前调试好主通径阀门阀板位置，使其处于全通径状态），下入取出工具取出背压阀，打开井下安全阀，恢复油气井生产流程，验漏合格后，开井生产，现场具体作业情况如下：

（1）进行施工准备，检查工具情况（见图 4.10）；

（2）检查采气树各部位的密封情况（见图 4.11）；

（3）检查采气树螺栓、顶丝的松紧情况（见图 4.12）；

（4）项目施工前开展现场落实确认会（见图 4.13）；

图 4.10　施工人员检查工具情况

图 4.11　施工人员检查密封性

图 4.12　施工人员检查顶丝

图 4.13　施工前项目组人员现场落实确认会

（5）水泥车打平衡压（见图 4.14），开井下安全阀；

（6）对采气树进行通径，施工现场如图 4.15 所示；

图 4.14　水泥车打平衡压

图 4.15　采气树更换

（7）安装工具上压力表显示压力数据（见图4.16）；

（8）操作背压阀安装工具（见图4.17），送入背压阀并坐封丢手；

图4.16　工具上压力表正常工作　　　　图4.17　施工人员操作背压阀安装工具

（9）关闭井下安全阀，将油管帽抬离井口（见图4.18）；

（10）拆甩井口装置，处理拆开后的井口（见图4.19）；

图4.18　油管帽抬离井口　　　　图4.19　施工人员处理拆开后的井口工具

（11）安装金属密封（见图4.20）；

（12）安装新油管帽（见图4.21）；

图4.20　施工人员安装金属密封　　　　图4.21　施工人员安装新油管帽

（13）安装采气树小四通以上部分（见图 4.22）；

（14）下入取出工具取出背压阀，打开井下安全阀，完成采气树的换装作业，换装后的××205 井口装置如图 4.23 所示。

图 4.22　施工人员安装采气树小四通以上部分　　图 4.23　换装后的××205 井口装置

三、技术总结

采取不压井作业换装××205 井采气树施工工艺是成功的，但该工艺仍存在以下三方面缺陷：

（1）高压气井背压阀坐封困难；

（2）背压阀坐封后，取出操作困难；

（3）密封方式有待改进。

通过对××205 井带压换装采气树现场施工分析总结，认为仅有两道安全屏障，在施工过程中仍然存在作业风险，井下安全阀允许一定的泄漏量，一道背压阀仅靠O 形圈密封，抬开井口后井口油管挂处有轻微的天然气渗漏，类似作业必须再增加一道安全屏障，为进一步完善高压气井带压作业提供了攻关方向。

对背压阀密封部分改进之后在××2-14 井进行了应用。改进之后的背压阀仍存在密封不严的情况，究其原因，可能是安全阀密封较好，导致胶筒上下压差过小，背压阀胶筒没有有效坐封所致。××2-14 井使用的单向背压阀是针对××205 井所用背压阀做出改进后的产品，加长了密封胶筒。其原理是当背压阀安装好后，依靠其上下压差，促使其加长胶筒坐封实现密封，压差越大，密封越可靠，如图 4.24 所示。

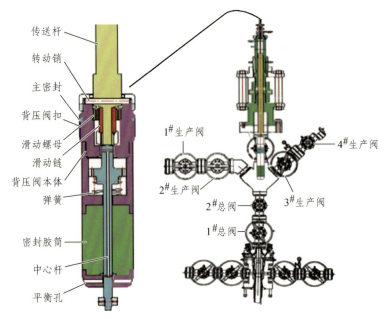

传送杆
转动销
主密封
背压阀扣
滑动螺母
滑动链
背压阀本体
弹簧
密封胶筒
中心杆
平衡孔

1#生产阀
2#生产阀
2#总阀
1#总阀
4#生产阀
3#生产阀

图 4.24　××2-14 井使用的单向背压阀示意图

案例十六　　××23-1-22 井带压更换采气树

一、背景资料

××23-1-22 井是一口开发井，完钻井深 5 274 m，于 1998 年 11 月完钻。该井天然气产量为 4.5×10^4 m³/d，天然气中不含 H_2S，CO_2 含量为 1.17%（摩尔分数）。

该井完井时，在 78.10 m 处下有井下安全阀，在 5 043.35～5 045.14 m 处下 HRP 封隔器，油压 21.8 MPa，套压 12.3 MPa。油管及油管悬挂器下连接短节的内径为 62 mm。该井井口装置为 KQY78/65-70。2008 年 4 月检修时发现井口 2# 主阀存在严重腐蚀现象（见图 4.25），阀体通道腐蚀后密封垫环槽的内侧只剩下很薄的部分，当时组织更换为较新的 78-70 平板闸阀，并已试压 35 MPa 合格。

在拆换 2# 主阀的过程中发现 1# 主阀也存在严重腐蚀现象且有内漏故障，存在较大的安全隐患。为彻底排除隐患，拟采用带压作业的方式更换该井 1# 主阀以上部分，并在拆除 1# 主阀时根据腐蚀情况决定是否更换油管帽。

图 4.25 ××23-1-22 井 2#主阀严重腐蚀

根据上述情况，决定采用"油管挂下背压阀＋油管堵塞阀＋井下安全阀"（见图 4.26）的方式来更换××23-1-22 井采气树，其方案概述如下：首先，关闭井下安全阀，作为第一道安全屏障，降低上部压力；然后，在井口下端第一根油管内下入油管堵塞阀并液压坐封，作为第二道安全屏障，起绝对密封作用；其次，在油管悬挂器内下入背压阀，作为第三道安全屏障（采取这三道安全屏障实现带压换装采气树目的）；再次，换装采气树，起出背压阀，再起出油管堵塞阀；最后，打开井下安全阀投产。

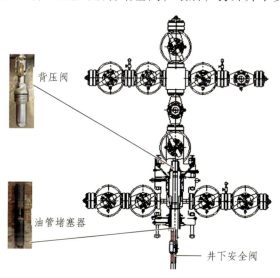

背压阀

油管堵塞器

井下安全阀

图 4.26 ××23-1-22 井更换采气树方案示意图

二、作业情况

1．工具选取

油管堵塞阀简介如下：利用井口送入工具组合将油管堵塞阀送到井内第一根油管内（见图 4.27），由送入传送杆固定，再通过传送杆内腔传输液压作用于油管堵塞阀内活塞之上，带动堵塞阀胶筒部分向上移动。首先将卡瓦张开，然后胶筒膨胀实现密封。起出时，传送杆带出工具与堵塞阀相连，当起出工具上到位后，将堵塞阀内腔顶开，释放其活塞内的液压，卡瓦回收，胶筒在自身弹性力作用下回收，便可将油管堵塞阀起出。

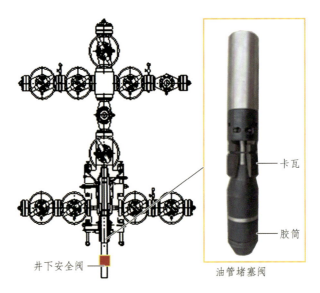

图 4.27　油管堵塞阀实物及工作示意图

室内对油管堵塞阀进行耐压、密封性能、解封、强度等实验，实验结果满足要求，其密封压差可达 70 MPa。现场进行地面油管堵塞阀坐封试验，堵塞阀坐封后，对 13Cr 油管短节一端打压至 30 MPa，试压 10 min。取出堵塞阀后检查油管内壁情况完好，如图 4.28 所示。

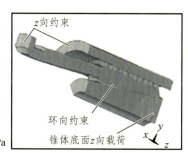

设计计算

有限元分析

结论：井压70 MPa时，堵塞器封堵后油管的Mses等效应力最大值741.1 MPa小于110钢级13Cr油管屈服强度759 MPa

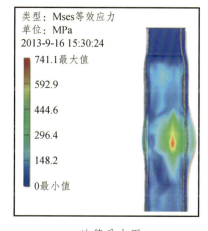

类型：Mses等效应力
单位：MPa
2013-9-16 15:30:24

741.1最大值
592.9
444.6
296.4
148.2
0最小值

油管受力图　　　　　　　三维模型
（a）管柱受力计算

（b）解封后油管内壁完好　　　　　（c）堵塞阀坐封试验

图 4.28　堵塞阀卡瓦损伤性试验

油管堵塞阀传送工具简述如下：① 油管堵塞阀送入工具和取出工具采用机械方式与液压缸连接为整体的方式，送入和取出安全高效（取送装置设计有压力平衡机构，可以有控制地调节压差，保证工具的送入和取出安全）；② 油管堵塞阀传送工具主要组成为防喷管（图中红色部分）、传送光杆（空心杆）和与光杆相接的活塞（见图 4.29）。通过液压作用于活塞带动光杆下行或上行，实现堵塞阀送入与起出，其空心光杆可以为堵塞阀坐封提供液压通道。

　　油管堵塞阀及传送工具送入和取出操作原理如图 4.30 所示，由 1# 注入口注入液压油推动传送光杆向下传送油管堵塞阀，由传送光杆读刻度确定传送位置，2# 注入口注入液压油旋转传送光杆坐封丢手油管堵塞阀，3# 注入口注入液压油取出传送光杆。

图 4.29　油管堵塞工具送入和取出装置

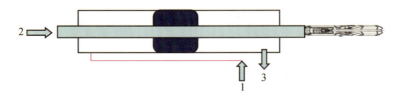

图 4.30　油管堵塞工具送入和取出操作原理

　　油管堵塞阀传送工具技术参数：送入取出工具长度 3 500 mm；送入取出工具行程 2 800 mm；送入取出工具连接形式 3 1/2″EU；设计双向压差 70 MPa。

2．施工步骤

××23-1-22井带压更换采气树具体施工作业流程如图4.31所示。

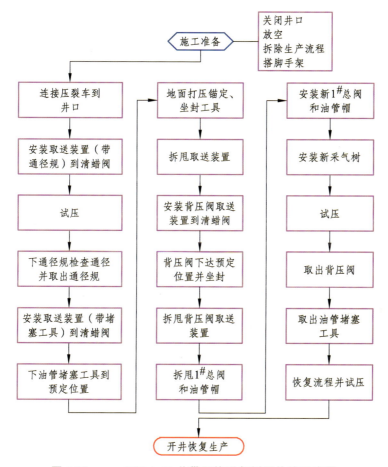

图4.31 ××X23-1-22井带压换采气树具体施工步骤

3．现场施工简况

（1）搭建操作平台（见图4.32），现场验收合格开工。

（2）关闭井下安全阀。

（3）安装通径规取送装置（见图4.33），并试压合格，下φ74 mm通径规通径至井深7.9 m。

图 4.32　建操作平台现场

图 4.33　通径规取送装置

（4）在地面组装好油管堵塞阀送入工具（见图4.34），将活塞与上部光杆连接固定（下部光杆与活塞为整体），此时利用液压驱动可以使活塞上下移动，从而带动光杆上下移动。

图 4.34　组装送入工具

（5）利用吊车吊起连接好的工具串，连接好油管堵塞阀（见图4.35）。

（6）将工具整体连接到井口（见图4.36）。

图 4.35　连接油管堵塞阀　　　　　　　图 4.36　将工具串连接到井口

（7）通过 1# 注入口注入液压油，光杆带堵塞阀下行，根据上部光杆刻度判断行程，将油管堵塞阀送入坐封位置；再利用 2# 注入口注入液压油，堵塞阀内活塞拉动中心杆上行，顶开卡瓦坐封，继续上行，胶筒坐封，工作示意图如图4.37所示。

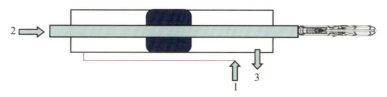

图 4.37　油管堵塞阀坐封原理示意图

（8）2# 注入口泄压后，堵塞阀顶部单流阀发挥作用，工具内压力得以保持，此时转动光杆，丢手成功，利用 3# 注入口打压后，活塞上行，取出油管堵塞阀工具，后拆除传送工具（见图4.38）。

（9）在地面连接好工具，将背压阀拧入送入光杆端部，利用吊车吊装至井口（见图4.39）。

（10）利用传送工具上部液压孔打压，推动活塞下行，根据光杆上刻度判断行程，将背压阀送入至油管挂以上部位（见图4.40）。

图 4.38　取出油管堵塞阀传送工具

图 4.39　连接好的背压阀吊装至井口

图 4.40　将背压阀送入至油管挂以上部位

（11）利用摩擦扳手，缓慢将背压阀送入油管挂内，继续利用摩擦扳手转动光杆，将背压阀旋入 BPV 螺纹（反扣）（见图 4.41）。

图 4.41　利用摩擦扳手将背压阀送入油管挂内

（12）上提光杆，背压阀键槽脱开，继续利用摩擦扳手反转光杆，此时背压阀与光杆连接的正口脱开，实现丢手后拆除传送工具（见图 4.42）。

图 4.42　丢手背压阀

（13）拆甩原井采气树油管帽及 1# 主阀以上部分（见图 4.43）。

图 4.43　拆甩原井采气树油管帽及 1# 主阀以上部分

（14）安装新油管帽及 1# 主阀（见图 4.44）。

图 4.44　安装新油管帽及 1# 主阀

（15）对油管帽主、副密封分别试压，无压降，合格。安装 1# 主阀以上采气树，并对 1# 主阀及以上采气树各阀门分别试压，无压降，合格（见图 4.45）。

图 4.45　对油管帽主、副密封和 1# 主阀及以上采气树各阀门分别试压

（16）试压合格后，再次下入传送工具，根据光杆刻度下入至指定位置，再利用摩擦扳手拧入背压阀底部（正转），此时光杆越上越紧，同时光杆内部顶针将背压阀内单流阀顶开，上下压力平衡，继续正转光杆，此时背压阀外部 BPV 反扣脱开，旋转至背压阀脱开油管挂后，对传送工具液杠反打压，取出背压阀（见图 4.46）。

（17）再次下入堵塞阀传送工具，通过 1# 口注入口打压，根据刻度判断光杆位置，待接触到堵塞阀后，旋转光杆，拧入堵塞阀内部螺纹，此时光杆端部所带的顶针（见图 4.47）发挥作用，顶开单流阀泄压，静置待胶筒收缩后，取出工具。

（18）打开井下安全阀，对井口验漏，验漏合格。

（19）放喷投产。

图 4.46 取出背压阀

图 4.47 光杆端部所带的顶针

三、技术总结

××23-1-22 井带压换装采气树作业相对于××205、××2-14 两口井的带压换装采气树作业，又增加了一道安全屏障——油管堵塞阀安全屏障，共形成三道安全屏障

（油管挂下背压阀 + 卡瓦式油管堵塞阀 + 井下安全阀），在整个施工过程中无油气窜出井口，三道安全屏障完全阻断井底气流（见图4.48），使整个换装采气树过程安全顺利完成，达到了预期效果。

图 4.48　密封好，油管挂内无气泡显示

案例十七　××23-1-12 井带压更换采气树

一、背景资料

　　××23-1-12 井是一口注气井，完钻井深 5 288.00 m。该井于 1999 年 8 月开钻，11 月完钻，12 月完井。该井无井下安全阀，7″RH 封隔器深度 5 049 m，油管及油管短节内径 76 mm。油压 22 MPa，日产油 98.56 t，水 36.00 t，日产气 110 215 m³，含 CO_2。该井井口装置为 KQ78/65-70MPa，双翼双阀、FF 级采气树。现该井采气树上法兰及 1# 主阀腐蚀内漏（见图4.49），存在较大的安全风险，为彻底排除隐患，拟采用带压作业的方式更换该井的上法兰及 1# 主阀以上部分采气树。

图 4.49　采气树上法兰及 1#主阀存在腐蚀内漏

根据上述情况，决定采用"半挤压井 + 卡瓦式油管堵塞阀 + 油管挂下背压阀"的方式来更换××23-1-12井的采气树(注意事项:由于本井完井管柱没有下井下安全阀,为了确保安全,在换装采气树前,需注满相对当量的压井液压井)。

二、作业情况

1. 压井液体系情况

根据完井管柱的内容积和产层的密度当量,选择了对地层伤害小的压井液体系作为压井液进行半挤压井。本次半压井工艺采用固化水体系进行作业,固化水体系耐温140 ℃,最少承受 20 MPa 正压差,密度为 1.0 ~ 1.20 g/cm³,适用于地层压力系数低、漏失严重、多个压力层段的施工。该体系利用高吸水高分子材料控制完井液体系中的自由水,通过物理脱水作用在孔眼或井壁上形成暂堵层,并利用井下高温（120 ℃以上）引起暂堵层的化学反应,使暂堵层形成胶质的人工井壁,有效地阻断压井液在中低渗储层的渗漏,减小了产层的伤害,保护了产层。

2. 施工步骤

本次作业共 11 个步骤,具体如下:

（1）先正挤入一个井筒容积的压井液;

（2）关闭两道主阀和两翼生产阀门,拆除井口采气树以外的生产流程;

（3）安装好下入装置并试压合格,将堵塞工具下至油管悬挂器以下;

（4）下背压阀至油管悬挂器;

（5）拆除上法兰、1# 主阀及以上部分;

（6）安装全新上法兰及 1# 主阀;

（7）安装采气树 2# 主阀及以上部分;

（8）取出背压阀;

（9）取出液压油管堵塞工具;

（10）恢复井口生产流程;

（11）开井恢复生产。

3．现场施工简况

现场配制密度为 1.0 g/cm³ 的固化水 40 m³，安装就位设备，搭建操作平台，现场验收合格开工。水泥车地面管线试压 50 MPa，稳压 10 min 合格，正挤固化水 26.0 m³，停泵观察，油压 0 MPa，套压 1 MPa。安装通径规取送装置，并试压 70 MPa/10 min 合格，下 φ74 mm 通径规通径至井深 7.9 m。安装油管堵塞阀送入、取出装置，并试压 70 MPa/10 min 合格。下 φ72 mm 油管堵塞阀，打压 10 MPa 坐封油管堵塞阀，封位 7.75 m，泄压验封，压力 0 MPa，合格。安装背压阀送入、取出装置，并试压 70 MPa/10 min 合格。下入 3″ 背压阀至油管悬挂器，坐封丢手，拆甩原井采气树油管帽及 1# 主阀以上部分，安装新油管帽及 1# 主阀，对油管帽主副密封分别试压 70 MPa/15 min 无压降。安装 1# 主阀以上采气树，并对 1# 主阀及以上采气树各阀门分别试压 70 MPa/15 min 无压降。安装背压阀取出、送入装置，并试压 70 MPa/10 min 合格。取出背压阀安装油管堵塞阀送入、取出装置，并试压 70 MPa/10 min 合格。下入取出工具正转解封油管堵塞阀，观察油压 0.9 MPa，取出油管堵塞阀，连接井口地面流程，并用水泥车对地面流程试压合格后，用可调油嘴管汇控制敞放，油压由 0.9 MPa 下降至 0 MPa，套压 1 MPa，无气无液，采用"连续油管 + 制氮车气举"敞放排液，举深 0 ~ 1 600 m，泵压 3 ~ 11 MPa，排量 900 m³/h，累计注氮量 3 600 m³，油压 0.21 ~ 2 MPa，套压 0.95 MPa，累计排液 3.1 m³。起连续油管至井口，采用可调油嘴控制排液，油压由 6.76 MPa 上升至 21.12 MPa，套压 0.97 MPa，出液 21.36 m³，密度 1.0 g/cm³，pH 值 6，累计排液 24.46 m³。采用 10 mm 油嘴放喷，油压 21.36 ~ 21.39 MPa，套压 1.04 MPa，产油 7.19 m³，油比重 20 ℃/0.843 8、50 ℃/0.823 1，含水 17%，累计排水 25.96 m³，累计产油 7.19 m³。

三、技术总结

本井由于完井管柱没有安全阀，在使用"半挤压井 + 卡瓦式油管堵塞阀 + 油管挂下背压阀"三道安全屏障的措施下，完全阻断了井底气流（见图 4.50），安全顺利地完成了施工过程。

图 4.50　井口无气泡溢出

回顾 2008—2014 年，先后完成了××205、××23-1-22、××23-1-12 等"三高"气井带压换装采气树作业，均获得成功，为塔里木油田乃至全国其他油田类似工作的开展探索了新的途径，积累了经验。其中，××205 采用了进口背压阀与井下安全阀 2 道安全屏障，抬开采气树时发现，有微量天然气泄漏；××23-1-22 井采取了井下安全阀、油管堵塞阀和背压阀等 3 道安全屏障，作业过程无天然气泄漏，操作安全顺利，起出工具完好无损，安全更加可控。根据以上几口井的带压更换采气树作业情况，总结得如下技术经验：

（1）安全是推广应用不压井换装采气树技术首先要考虑的问题，每口井都应根据具体井况，特别是针对高压高产气井，一定要根据操作规范制定出具体的安全防范措施。

（2）在现场施工前，所有堵塞工具及安装工具均应做好探伤、强度及密封性等方面的检测工作，并进行室内试验，在有绝对把握的情况下再进行现场作业。

（3）现场的组织工作非常重要，要有专人统一指挥，各工序、各种工具的操作一定要分工到人，以避免在换装过程中出现混乱和酿成事故或延长工期。

（4）如在寒冬季节施工，对施工最大的影响因素是外界的环境温度过低，阀门可能会因冰堵或水合物等因素影响而开关不灵活，并造成假象。为避免这类情况发生，应做以下准备：准备蒸汽车及毛毡，做好保温和解堵的准备工作；避免采用含水的液体作为试压介质，尽可能减少造成阀门冰堵的因素；在开关阀门过程中，避免用力过大，损坏阀门；阀门是否开关到位，应以开关阀门时手轮所转的圈数作为判断依据，而不能以手轮转不动作为开关到位的依据。

（5）对于生产时间较长的油气井，大部分连接螺栓已经生锈，特别是尺寸较大的栽丝，很难拆开，应提前准备剪切螺帽的工具。

（6）对新工艺要科学分析，大胆应用，周密落实。

（7）尽量避免在寒冬季节施工，可以考虑在夏秋季节施工。

第二节　高压气井带压更换采气树附件技术

气井关键设备采气树主控阀门由于地层矿物水腐蚀、砂等杂质磨损及环境人为因素的综合影响，出现部分采气树主控阀门损坏。问题有开关不到位、阀体渗漏、密封件渗漏、部件锈蚀损坏等情况。这不但给管理操作造成极大的困难，且是形成火灾和大气污染的隐患，严重的会造成气井失控，甚至井毁人亡。

采气树主控阀门等附件作为气井的最关键屏障，检修及维修极不易，也不能采用控制其他阀门来实施更换，只能采取特殊的方法进行更换。常规主要通过压井方法进行更换，但存在动用的设备多、使用的人员多、工期长、费用高，并对产层可能产生二次伤害，甚至将井压死等风险。

要成功更换采气树损坏主控阀门，关键需做到损坏主控阀门所在位置处的压力和大气压相等，井内压力在更换过程中不会到达损坏主控阀门处。更换完之后，新的主控阀门处的压力要迅速恢复到更换前的压力，以保持原有井况。

为此，只有在损坏主控阀门前实施暂堵技术，即在损坏主控阀门前的某个适当位置，利用堵塞技术封堵井内压力，使损坏主控阀门处的压力降为大气压。这项堵塞技术所用工具要求要放得进、坐得牢、封得住、解封容易，并对井内的设备、工具、井况不产生伤害，做到堵塞工具不丢手[25]。

案例十八　××2-J5井带压更换井口采气树附件

一、背景资料

2021年7月，××2-J5井（见图4.51）生产油压47.5 MPa，A环空压力51 MPa。该井经井控排查采油（气）树阀门阀盖密封垫环为碳钢材质，不符合油田公司设备安全使用规定，按照开发部要求对该井阀盖钢圈进行带压整改。2020 年 12 月 15 日，已对该井油管头右翼进行更换。现需要将该井原采油（气）树及 A 环空左翼两闸阀的碳钢材质阀盖密封垫环更换为不锈钢材质阀盖密封垫环。

图 4.51　××2-J5 井井口示意图

其中，采气树阀盖密封垫环更换方案如下：利用对井口进行压井，要求 1.5 倍溶剂，关闭井下安全阀；对管线压力进行泄压；对该井出站球阀及阀室生产计量阀上锁；关闭采气树液动主阀，释放采气树腔体余压；打开清蜡阀将带压装置连接至清蜡阀顶部；打开液动主阀，送入背压阀（螺纹式油管堵塞阀）至悬挂器坐封，验封合格后，将带压工具串退至清蜡阀顶部连接处；更换井口阀门各密封垫环；阀盖密封垫环更换完成后关闭 1# 手动主阀，利用工具串对井口试压，试压合格后取出背压阀（螺纹式堵塞阀）。

A 环空左翼阀盖密封垫环更换方案如下：拆除影响更换 A 环空内外侧阀附近放喷管线；关闭井口 A 环空左翼内侧阀，释放内侧阀与外侧阀之间压力；拆卸外侧阀配对丝扣法兰，将 VR 堵设备与 A 环空左翼外侧阀相连接；打开内侧阀，带压送入 VR 堵至油管头四通坐封，并验封合格、泄压；对 A 环空左翼内、外侧阀阀盖密封垫环进行更换；对 A 环空进行试压，试压合格；带压取出至外侧阀，关闭内侧阀；泄压、取出 VR 堵设备，恢复井口生产流程。

二、作业情况

1．施工准备

（1）准备 78-105（316）阀盖密封垫环至少 10 只；

（2）现场操作平台提前移开，拆除放喷流程；

（3）准备 1.5 倍溶剂气田水对井口进行压井，关闭井下安全阀；

（4）相关作业设备准备到现场；

（5）气体监测仪、灭火器、急救箱等准备到位；

（6）做好入场前技术交底及人员培训；

（7）搭建井口操作平台。

2．施工步骤

本次施工共分为 4 个步骤，分别为：① 压井；② 换井口采气树阀盖密封垫环；③ 带压更换 A 环空左翼两闸阀阀盖密封垫环；④ 恢复井场流程。具体描述如下：

（1）压井，分 2 步进行：① 利用气田水对井口进行压井，要求 1.5 倍容积；② 对该井出站球阀及阀室生产计量阀上锁。

（2）更换井口采气树阀盖密封垫环，分 9 步进行：① 关闭井口液动主阀，释放采气树腔体余压；② 打开清蜡阀，将带压装置连接至清蜡阀顶部，并试至 70 MPa，稳压 30 min 无压降，为合格；③ 打开液动主阀，带压送入背压阀工具至悬挂器，反旋转坐封，通过带压设备泄压装置泄压，压力降为零，观察 30 min 无压力为合格；④ 验封合格后，将带压工具串退至清蜡阀顶部连接处，泄压；⑤ 拆卸井口 1# 主阀阀盖密封垫环，对密封垫环进行更换，更换完成后关闭 1# 主阀；⑥ 拆卸井口主液动阀阀盖密封垫环并更换；⑦ 依次拆卸测试阀、生产翼内、外侧阀、放喷翼内、外侧阀阀盖密封垫环，对密封垫环进行更换；⑧ 利用带压装置或现场泵车对 1# 主阀以上部分进行试压至 84 MPa，稳压 30 min 无压降，为合格，泄压；⑨ 打开 1# 主阀带压送入背压阀取出装置，正旋转上扣取出背压阀，关闭 1# 主阀及液动主阀（注：取出困难时，对井口打平衡压再进行正旋转取出）。

（3）带压更换 A 环空左翼两闸阀阀盖密封垫环，分 8 步进行：① 拆除影响更换 A 环空内、外侧阀附近放喷管线；② 关闭 A 环空左翼内侧阀，释放内侧阀与外侧阀之间压力；③ 拆卸外侧阀配对丝扣法兰，将 VR 堵设备与 A 环空左翼外侧阀相连接；④

打开 A 环空内侧阀，带压送入 VR 堵工具至油管头四通，并反旋转坐封，利用 VR 堵泄压装置将压力泄至零，观察 30 min 无压力为合格；⑤ 对 A 环空左翼内、外侧阀阀盖密封垫环进行更换；⑥ 更换完成后，并对内外侧阀门试压至 85 MPa，稳压 30 min 无压降，为合格；⑦ 带压送入 VR 堵工具，正旋转上扣取出 VR 堵至外侧阀位置，关闭内侧阀；⑧ 泄压、拆卸带压设备，恢复 A 套生产流程。

（4）恢复井场流程。主要包括清理现场、井口恢复，以及撤离现场。

三、技术总结

××2-J5 井在 2021 年 7 月停产检修过程中，对该井采气树阀门、A 环空左侧阀门进行更换阀门阀盖连接钢圈。更换过程中对该井采气树测试阀、放喷外侧阀阀板、阀座进行现场检查，发现阀板有气体冲蚀痕迹，阀座表面涂层有裂痕等现象。该井为组合式采气树。

采气树规格型号：KQ78/78-105-FF。在检修停产中对该井井口阀门阀盖连接钢圈进行更换，拆解过程中发现该井采气树 5 只阀门中阀盖连接钢圈均为碳钢材质（S-4），A 环空左侧阀门阀盖钢圈也均为碳钢材质（S-4），对其进行全部更换为不锈钢材质（S304-4）。对采气树测试阀、放喷外侧阀 2 只阀门现场进行拆解，检查阀板、阀座及阀座密封情况，发现 2 只阀门阀板、阀座均有涂层腐蚀现状较为严重，涂层表面氧化、有裂痕，导致阀门内漏严重。对其进行配件更换，全部更换完成后用泵车对采气树进行试压，试压压力 85 MPa，稳压 15 min，现场查验无内漏。

具体示意图如图 4.52 和图 4.53 所示。

图 4.52　阀盖钢圈更换

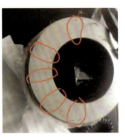

图 4.53 测试阀、放喷外侧阀阀板、阀座更换

案例十九 ××2-J11 井带压更换井口采气树附件

一、背景资料

2020 年 5 月，××2-J11 井（见图 4.54）生产油压 25.1 MPa、A 环空压力 39.2 MPa。

图 4.54 ××2-J11 井井口示意图

该井经井控排查采油（气）树阀门阀盖密封垫环为碳钢材质，不符合油田公司设备安全使用规定，按照开发部要求对该井阀盖钢圈进行带压整改。

本方案采用井口正向挤压压井，并关闭井下安全阀、下入背压阀（螺纹式油管堵塞阀），更换采气树闸阀阀盖密封垫环；带压更换井口 A 环空闸阀阀盖密封垫环。现需要将该井原采油（气）树及 A 环空左翼两闸阀的碳钢材质阀盖密封垫环更换为不锈钢材质阀盖密封垫环。

其中，采气树阀盖密封垫环更换方案如下：利用气田水对井口进行压井，要求 1.5 倍容积，关闭井下安全阀，对管线压力进行泄压；对该井出站球阀及阀室生产计量阀上锁；关闭采气树液动主阀，释放采气树腔体余压；打开清蜡阀，将带压装置连接至清蜡阀顶部；打开液动主阀，送入背压阀（螺纹式油管堵塞阀）至悬挂器坐封，验封合格后，将带压工具串退至清蜡阀顶部连接处；更换井口阀门各密封垫环；阀盖密封垫环更换完成后关闭 1# 手动主阀，利用工具串对井口试压，试压合格后取出背压阀（螺纹式堵塞阀）。

A 环空左翼阀盖密封垫环更换方案包括以下 4 步：首先，关闭井口 A 环空左翼内外侧阀，将 VR 堵设备连接井口 A 环空左翼外侧阀，并试压合格；其次，带压送入 VR 堵至油管头四通坐封，并验封合格；再次，对井口 A 环空左翼内外侧阀阀盖密封垫环进行更换；最后，对 A 环空进行试压至合格，带压取出 VR 堵，恢复井口生产流程。注：右翼更换流程执行左翼流程即可。

二、作业情况

1. 施工准备

（1）准备 78-105 阀盖密封垫环至少 13 只；

（2）生产及放喷翼的流程拆除，现场操作平台提前移开；

（3）组织压井；

（4）相关作业设备准备到现场；

（5）正压式空气呼吸器、气体监测仪、灭火器、急救箱等准备到位；

（6）做好入场前技术交底及人员培训；

（7）搭建井口操作平台。

2. 施工步骤

本次施工共分为 5 个步骤，包括：① 正挤 1.5 倍油管容积地层水；② 更换井口采气树阀盖密封垫环；③ 带压更换 A 环空左翼阀盖密封垫环；④ 带压更换 A 环空右翼阀盖密封垫环；⑤ 恢复井场流程。具体描述如下：

（1）正挤 1.5 倍容积气田水，主要是利用气田水对井口进行压井。

（2）更换井口采气树阀盖密封垫环，分 7 步进行：① 关闭井口 1 号主阀及主液动阀，将带压装置连接至井口清蜡阀，并试压至 60 MPa，稳压 30 min 无压降，为合格；② 带压送入背压阀工具至悬挂器，反旋转坐封，通过背压阀泄压装置泄压，压力降为零，观察 30 min 无压力为合格；③ 拆卸井口 1# 主阀阀盖密封垫环，对密封垫环进行更换，更换完成后关闭 1# 主阀；④ 拆卸井口主液动阀阀盖密封垫环并更换，关闭液动主阀；⑤ 依次拆卸测试阀、生产翼内外侧阀、放喷翼内外侧阀、阀盖密封垫环，对密封垫环进行更换；⑥ 对 1# 主阀及以上部分进行试压至 84 MPa，稳压 30 min 无压降，为合格；⑦ 打开 1# 主阀及液动主阀送入背压阀取出装置，正旋转上扣取出背压阀，关闭 1# 主阀及液动主阀（注：取出困难时，对井口打平衡压再进行旋转取出）。

（3）带压更换 A 环空左翼阀盖密封垫环，分 6 步进行：① 关闭 A 环空左翼内外侧阀门，拆卸掉外侧丝扣法兰；② 将 VR 堵工具连接至井口 A 环空左翼外侧阀，并试至 60 MPa，观察 30 min 无压降为合格；③ 打开 A 环空内外侧阀门，带压送入 VR 堵工具至油管头四通，并反旋转坐封，利用 VR 堵泄压装置将压力泄至零，观察 30 min 无压力为合格；④ 对 A 环空左翼内侧阀阀盖密封垫环进行更换，并关闭内侧阀；⑤ 对 A 环空左翼外侧阀阀盖密封垫环进行更换，并对内外侧阀门试压至 85 MPa，稳压 30 min 无压降，为合格；⑥ 连接 VR 堵取出装置至外侧阀丝扣法兰，并试至 60 MPa，观察 30 min 无压降合格。

（4）带压更换 A 环空右翼阀盖密封垫环，分 10 步进行：① 关闭 A 环空右翼内侧和外侧阀，将外侧阀丝扣法兰压力泄至零；② 拆卸掉 A 环空右翼外侧阀法兰，连接带压作业装置至 A 环空右翼外侧阀，试压 40 MPa，稳压 30 min 不漏，为合格；③ 打开 A 环空右翼外侧阀和内侧阀，带压送入 VR 堵至 A 环空四通右侧通径旋转上扣坐封；④ 通过 VR 堵泄压装置泄压，观察压力泄至零，观察 30 min 无压力，验封合格；⑤ VR 验卡验封合格后，退出送入杆，并拆甩 VR 堵送入装置；⑥ 拆卸 A 环空内侧阀和外侧阀阀盖钢圈，确定阀盖本体钢圈槽是否完好；⑦ 钢圈槽完好的情况，直接更换阀盖钢圈，若钢圈槽损坏，则更换新阀门；⑧ 更换完成后，连接 VR 堵取出装置，对 A 环空右侧进行打压至 56 MPa，稳压 30 min 无压降，为合格；⑨ 带压送入取出装置，正旋转对扣，取出 VR 堵，关闭 A 环空右翼内外侧阀，连接外侧阀丝扣法兰并试压至 56 MPa；⑩ 恢复生产流程，清理井场卫生，撤离现场。

（5）恢复井场流程，主要包括清理现场、井口恢复，以及撤离现场。

三、技术总结

对××2-J11井的采气树阀门、A环空左侧、右侧阀门共计11只阀门进行更换阀门阀盖连接钢圈。更换过程中并对该井采气树阀门阀板、阀座进行现场检查，发现阀板有气体冲蚀、涂层腐蚀痕迹，阀座表面涂层有裂痕，阀座密封件有挤压、损坏等现象，并对损坏部件进行更换。该井为组合式采气树。

采气树规格型号：KQ78/78-105-FF。对该井井口阀门阀盖连接钢圈进行更换，拆解过程中发现该井采气树7只阀门中阀盖连接钢圈均为碳钢材质（S-4），A环空左侧、右侧阀门阀盖钢圈也均为碳钢材质（S-4），将其全部更换为不锈钢材质（S304-4），并对采气树阀门现场进行拆解，检查阀板、阀座及阀座密封情况。发现个别阀门（测试阀、放喷翼外侧）阀板、阀座均有涂层气体冲蚀、氧化、腐蚀，现状较为严重，涂层表面氧化、有裂痕，导致阀门内漏严重。对其进行配件更换，作业完成后用泵车对采气树进行试压，试压压力为85 MPa，稳压15 min，现场查验无内漏。具体示意图如图4.55和图4.56所示。

图 4.55　阀盖钢圈更换

图 4.56　阀门阀板、阀座检查及更换系列

参考文献

［1］ 赵密锋，胡芳婷，耿海龙. 高温高压气井环空压力异常原因分析及预防措施[J]. 石油管材与仪器，2020，6（6）：52-58.

［2］ 胡超，何银达，吴云才，等. 高压气井突发环空压力异常应对措施[J]. 钻采工艺，2020，43（5）：119-122.

［3］ 曾努，曾有信，廖伟伟，等. 克深区块高温超高压气井环空压力异常风险评估[J]. 天然气技术与经济，2017，11（1）：21-23，34，82.

［4］ 赵鹏. 塔里木高压气井异常环空压力及安全生产方法研究[D]. 西安：西安石油大学，2012.

［5］ 郑如森，高文祥，王磊，等. 塔里木油田高压气井压井技术[J]. 油气井测试，2021，30（2）：30-33.

［6］ 高文祥，李皋，郑如森，等. 高压气井修井挤压井井筒流动模型[J]. 科学技术与工程，2019，19（24）：119-126.

［7］ 郑如森，高文祥，邹国庆，等. 塔里木油田超高压高产气井压井方法初探[J]. 化工管理，2017（18）：3-4.

［8］ 袁波，汪绪刚，李荣，等. 高压气井压井方法的优选[J]. 断块油气田，2008（1）：108-110.

［9］ 范伟东. 塔河油田高压气井压井技术探讨[J]. 化学工程与装备，2014（11）：140-141.

［10］ 江同文，孟祥娟，黄锟，等. 克深 2 气田井筒堵塞机理及解堵工艺[J]. 石油钻采工艺，2020，42（5）：657-661.

［11］ 景宏涛，张宝，曾努，等. 迪那 2 气田高压气井井筒堵塞治理技术研究与应用[J]. 天然气技术与经济，2018，12（3）：28-30，82.

［12］ 吴红军，黄锟，沈建新，等. 高温高压凝析气井井筒复合解堵技术研究与应用[C]//

中国石油学会天然气专业委员会. 第 32 届全国天然气学术年会（2020）论文集. 重庆：2020：2125-2132.

[13] 刘举，罗志锋，任登峰，等. 高温气井不动管柱井筒解堵体系研制及性能评价[J]. 石油与天然气化工，2021，50（5）：65-70.

[14] 聂延波，王洪峰，王胜军，等. 克深气田异常高压气井井筒异常堵塞治理[J]. 新疆石油地质，2019，40（1）：84-90.

[15] 姚华弟. YB 高压高含硫气井井筒解堵工艺技术研究[D]. 成都：西南石油大学，2018.

[16] 周怀光，单全生，沈建新，等. 塔里木 H 油田超深油井套管找堵漏技术实践及认识[J]. 承德石油高等专科学校学报，2016，18（6）：25-30.

[17] 李博. 套管找漏堵漏实用技术研究[J]. 中国石油和化工标准与质量，2013，33（11）：60.

[18] 刘子平，屈玲，姚梦麟. 油气井井筒泄漏超声波检测技术及应用[J]. 测井技术，2018，42（4）：453-459.

[19] 宋勇，杨健，宋颐，等. 低压、小井眼、深井砂埋射孔枪打捞技术——以 PX3 井为例[J]. 石油工业技术监督，2021，37（8）：45-48.

[20] 张静. 川东北小井眼落鱼打捞经验[J]. 石化技术，2020，27（5）：121-122.

[21] 唐寒冰. 高压高含硫气井钢丝落鱼打捞[J]. 钻采工艺，2020，43（2）：82-85，5.

[22] 周建平，郭建春，彭建新，等. 超深高温高压气井小井眼打捞技术探索与实践[J]. 油气井测试，2016，25（3）：44-45，48，77.

[23] 欧安锋. 小井眼打捞工艺技术应用[J]. 中国石油企业，2015（10）：69.

[24] 古小红，李顺林，耿波，等. 普光气田高含硫气井带压更换采气树工艺技术[J]. 天然气工业，2015，35（1）：92-96.

[25] 李林清，李晓辉，曹飞飞，等. 带压更换采气树主控阀门技术在苏里格气田的应用[J]. 石油化工应用，2012，31（11）：97-100.